大雅

为一种品格注脚

动物与人二讲

[法] 吉尔伯特·西蒙东（Gilbert Simondon）｜著

宋德超｜译

广西人民出版社

目　录

重拾拜德雅之学

1

中国古代，士之教育的主要内容是德与雅。《礼记》云："乐正崇四术，立四教，顺先王《诗》、《书》、《礼》、《乐》以造士。春秋教以《礼》、《乐》，冬夏教以《诗》、《书》。"这些便是针对士之潜在人选所开展的文化、政治教育的内容，其目的在于使之在品质、学识、洞见、政论上均能符合士的标准，以成为真正有德的博雅之士。

实际上，不仅是中国，古希腊也存在着类似的德雅兼蓄之学，即 paideia（παιδεία）。paideia 是古希腊城邦用于教化和培育城邦公民的教学内容，亦即古希腊学园中所传授的治理城邦的学问。古希腊的学园多招收贵族子弟，他们所维护的也是城邦贵族统治的秩序。在古希腊学园中，一般教授修辞学、语法学、音乐、诗歌、哲学，当然也会讲授今天被视为自然科学的某些学问，如算术和医学。不过在古希腊，这些学科之间的区分没有那么明显，更不会存在今天的文理之分。相反，这些在学园里被讲授的学问被统一称为 paideia。经过 paideia 之学的培育，这些贵族身份的公民会变得 "καλòς κἀγαθóς"（雅而有德），这个古希腊词语形容理想的人的行为，而古希腊历史学家希罗多德（Ἡρόδοτος）常在他的《历史》中用这个词来描绘古典时代的英雄形象。

在古希腊，对 paideia 之学呼声最高的，莫过于智者学派的演说家和教育家伊索克拉底（Ἰσοκράτης），他大力主张对全体城邦公民开展 paideia 的教育。在伊索克拉底看来，paideia 已然不再是某个特权阶层让其后嗣垄断统治权力的教育，相反，真正的 paideia 教育在于给人们以心灵的启迪，开启人们的心智，与此同时，paideia 教育也让雅典人真正具有了人的美德。在伊索克拉底那里，paideia 赋予了雅典公民淳美的品德、高雅的性情，这正是雅典公民获得独一无二的人之美德的唯一途径。在这个意义上，paideia 之学，经过伊索克拉底的改造，成为一种让人成长的学问，让人从 paideia 之中寻找到属于人的德性和智慧。或许，这就是中世纪基督教教育中以及文艺复兴时期，paideia 被等同于人文学的原因。

2

在《词与物：人文科学考古学》最后，福柯提出了一个"人文科学"的问题。福柯认为，人文科学是一门关于人的科学，而这门科学，绝不是像某些生物学家和进化论者所认为的那样，从简单的生物学范畴来思考人的存在。相反，福柯认为，人是"这样一个生物，即他从他所完全属于的并且他的整个存在据以被贯穿的生命内部构成了他赖以生活的种种表象，并且在这些表象的基础上，他拥有了能去恰好表象生命这个奇特力量"[1]。尽管福柯这段话十分绕口，但他的意思是很明确的，人在这个世界上的存在是一个相当复杂的现象，它所涉及的是人在这个世界上的方方面面，包括哲学、语言、诗歌等。这样，人文科学绝不是从某个孤立的角度（如单独

1　米歇尔·福柯：《词与物：人文科学考古学》，莫伟民译，上海三联书店，2001，第459-460 页。

从哲学的角度，单独从文学的角度，单独从艺术的角度）去审视我们作为人在这个世界上的存在，相反，它有助于我们思考自己在面对这个世界的错综复杂性时的构成性存在。

其实早在福柯之前，德国古典学家魏尔纳·贾格尔（Werner Jaeger）就将 paideia 看成是一个超越所有学科之上的人文学总体之学。正如贾格尔所说，"paideia，不仅仅是一个符号名称，更是代表着这个词所展现出来的历史主题。事实上，和其他非常广泛的概念一样，这个主题非常难以界定，它拒绝被限定在一个抽象的表达之下。唯有当我们阅读其历史，并跟随其脚步孜孜不倦地观察它如何实现自身，我们才能理解这个词的完整内容和含义。……我们很难避免用诸如文明、文化、传统、文学或教育之类的词来表达它。但这些词没有一个可以覆盖 paideia 这个词在古希腊时期的意义。上述那些词都只涉及 paideia 的某个侧面：除非把那些表达综合在一起，我们才能看到这个古希腊概念的范阈"[1]。贾格尔强调的正是后来福柯所主张的"人文科学"所涉及的内涵，也就是说，paideia 代表着一种先于现代人文科学分科之前的总体

---

[1] Werner Jaeger, *Paideia: The Ideals of Greek Culture. Vol. 1* (Oxford: Blackwell, 1946), p.i.

性对人文科学的综合性探讨研究，它所涉及的，就是人之所以为人的诸多方面的总和，那些使人具有人之心智、人之德性、人之美感的全部领域的汇集。这也正是福柯所说的人文科学就是人的实证性（positivité）之所是，在这个意义上，福柯与贾格尔对 paideia 的界定是高度统一的，他们共同关心的是，究竟是什么，让我们在这个大地上具有了诸如此类的人的秉性，又是什么塑造了全体人类的秉性。paideia，一门综合性的人文科学，正如伊索克拉底所说的那样，一方面给予我们智慧的启迪；另一方面又赋予我们人之所以为人的生命形式。对这门科学的探索，必然同时涉及两个不同侧面：一方面是对经典的探索，寻求那些已经被确认为人的秉性的美德，在这个基础上，去探索人之所以为人的种种学问；另一方面，也更为重要的是，我们需要依循着福柯的足迹，在探索了我们在这个世界上的生命形式之后，最终还要对这种作为实质性的生命形式进行反思、批判和超越，即让我们的生命在其形式的极限处颤动。

这样，paideia 同时包括的两个侧面，也意味着人们对自己的生命和存在进行探索的两个方向：一方面它有着古典学的厚重，代表着人文科学悠久历史发展中形成的良好传统，孜孜不倦地寻找人生的真谛；另一方面，也代表着人文科学努力在生命的边缘处，寻找向着生命形式的外部空间拓展，以延伸我们内在生命的可能。

3

这就是我们出版这套丛书的初衷。不过，我们并没有将paideia 一词直接翻译为常用译法"人文学"，因为"人文学"在中文语境中使用起来，会偏离这个词原本的特有含义，所以，我们将 paideia 音译为"拜德雅"。此译首先是在发音上十分近似于其古希腊词语，更重要的是，这门学问诞生之初，便是德雅兼蓄之学。和我们中国古代德雅之学强调"六艺"一样，古希腊的拜德雅之学也有相对固定的分目，或称为"八艺"，即体操、语法、修辞、音乐、数学、地理、自然史与哲学。这八门学科，体现出拜德雅之学从来就不是孤立地在某一个门类下的专门之学，而是统摄了古代的科学、哲学、艺术、语言学甚至体育等门类的综合性之学，其中既强调了亚里士多德所谓勇敢、节制、正义、智慧这四种美德（ἀρετή），也追求诸如音乐之类的雅学。同时，在古希腊人看来，"雅而有德"是一个崇高的理想。我们的教育，我们的人文学，最终是要面向一个高雅而有德的品质，因而我们在音译中选用了"拜"这个字。这样，"拜德雅"既从音译上翻译了这个古希腊词语，也很好地从意译上表达了它的含义，避免了单纯叫作"人文学"所可能引生的不必要的歧义。本丛书的标志，由黑白八点构成，以玄为德，以白为雅，黑白双色正好体现德雅兼蓄之意。同时，这八个点既对应于拜德雅之学的"八艺"，也对应于柏拉图在《蒂迈欧篇》中谈到的正六面体（五种柏拉图体之一）的八个顶点。它既是智慧美德的象征，也体现了审美的典雅。

不过，对于今天的我们来说，更重要的是，跟随福柯的脚步，向着一种新型的人文科学，即一种新的拜德雅前进。在我们的系列中，既包括那些作为人类思想精华的**经典作品**，也包括那些试图冲破人文学既有之藩篱，去探寻我们生命形式的可能性的**前沿著作**。

既然是新人文科学，既然是新拜德雅之学，那么现代人文科学分科的体系在我们的系列中或许就显得不那么重要了。这个拜德雅系列，已经将历史学、艺术学、文学或诗学、哲学、政治学、法学，乃至社会学、经济学等多门学科涵括在内，其中的作品，或许就是各个学科共同的精神财富。对这样一些作品的译介，正是要达到这样一个目的：在一个大的人文学的背景下，在一个大的拜德雅之下，来自不同学科的我们，可以在同样的文字中，去呼吸这些伟大著作为我们带来的新鲜空气。

动物是什么? 人是什么?

此次出版的内容是由两次课程组成的,这两次课程作为年度普通心理学导言针对初学者(即大学文学院一年级 "预科班",此制于 1967 年被取消)开设,是哲学、心理学、社会学本科阶段的教学内容。

心理学的关键

心理学是一门学科,属于研究与教学的范畴,其对象的规定性旨在提出人与动物的关系问题: 心理学是只关心人的问题还是同样关心动物的问题? 在科研与教学工作的专业划分中存在的某种 "动物心理学"(psychologie animale)是其中一种答案,但却不能通过自身解决问题,只是解决了剩余的制度负担: 即便人类心理学与动物心理学之间存在诸多差异

（并非所有心理学家都认同这一点），使用"心理学"这个相同的术语似乎意味着在动物与人之间、动物的生命与人的生命之间至少存在着某些共同之处。然而，如果我们使用相同的方法在心理学领域研究人和动物，是否意味着从心理学的观点来看，人与动物之间有着本质上的共同之处或相似之处呢？若情况并非如此，那很有可能意味着可为心理学所理解之物并非本质之物，既不在人身上，也不在动物身上，亦不在任何一方身上。

心理学传统上的研究对象是我们称为精神、灵魂、意识等之物。但在动物身上研究这些是否有意义呢？总之，这是动物心理学所从事的事业。动物心理学难道不是更应该研究本能（instinct）吗？但事实上，心理学两者兼顾，既研究人也研究动物。它研究人与动物的智性（intelligentes）或本能行为，并从自身的观点出发，研究人的生命与动物生命。[1]智

---

[1] 由此，它和一项可上溯至亚里士多德及其论著《论灵魂》（*Péri psuchès*）的传统重新建立起了联系：灵魂是"有活力的"，是生命的本原，无论生命的形式是人、动物还是植物。依靠自身便能行动的事物就是有生命的，其自身的变化或运动（或两者的缺失）的原则是本质的而非偶然的（与技术形成对照），该事物就是有生命的。参见《论灵魂》第二卷与《物理学》（*Physique*）第二卷。西蒙东说："亚里士多德将心理学纳入生物学。"——原注

性与本能的传统区别不能够区分人类心理学与动物心理学的研究对象，这一传统区别最初是为了比较人类与动物的生命以及行为特点而形成的。事实上，一种浅表的思考认为心理学建立在纯粹的人类行为与动物行为之间的区别的基础上，这正表明了对两者做区分是困难的。这门普通心理学课程就生命、人与动物生命之间的统一性以及生命与智性、习惯与本能之间的关系提出了问题。

西蒙东在本书的第一段中正是通过对该问题的研究引入了整个年度的普通心理学课程。为此，在着手研究该问题在当前理论中是如何被提出的之前，他试图研究动物的生命观念，当然也包括人的生命观念的历史（从古希腊、罗马时期到17世纪）：两者是不可分割的，不论是因为我们可以将两者相对立，还是与之相反，因为两者并非处在对立面上。这个关于当代与当前心理学概念如何形成的历史探究的意义在于表明这些概念的规定性（以及由此得出的这门学科的基本对象及其方法的规定性）如何在理念与古代思想的争辩中找到其源头，西蒙东将古代思想一直上溯至前苏格拉底时期的思想家。他所探究的历史并非人与动物的生命观念的完整历史，他亦非为这些观念而进行研究，或在它们的复杂性与细微差别之下再现与其相关的不同学说，而是以对比的方式使主要的概念与要点显现出来，而作为呈现问题与问题的不同形式的形象，观念正是在这些概念与要点之上相互对立。

知晓是否需要区分人的生命与动物生命，以及在哪种程度上、以何种方式区分，似乎是一个任何科学都不能直接回答的问题，虽然一些科学的可能性与定义都似乎依赖于这个问题的答案（比如我们看到的心理学便是如此）。然而，几乎所有人都对这个问题持有自己的意见，并且通常都十分看重这个意见。[1] 这个问题在成为哲学问题（如果有的话）之前经常出现在日常生活中，并且可能成为问题的不仅仅是动物与人的观念，问题也会在提出问题与试图解决问题的过程中所使用的术语与表达中出现（"智性、理性、灵魂、思想、意识、身体、本能"等）。人不能容忍与其不同的意见，无论这个意见是什么。在所有人与动物关系的理念中最关键的就是我们对自身的表现、对待他者的恰当方式、对他者的期待、最基本的价值（"人类"）以及有些时候对生命的期许，甚至对彼世的表达。

---

[1] 尤其是因为每个人的概念通常都将其根源埋在幼年时期，这一时期的动物或者它的表征可能是极其重要且复杂的，作为常识的心理学和精神分析显然了解这一点。——原注

伦理与宗教上的问题关键

然而，让西蒙东所描绘的历史画卷清晰显现的，首先是这个问题重要的道德与宗教维度。在某种意义上，苏格拉底可能创造了人，并强调人与自然万物的根本距离，因此也有可能创立了以"人类学差异"[1] 为基础的人本主义（humanisme）。然而，苏格拉底建立起来的人类的崇高地位也因此同所有自然现实分离开了。人与动物之间存在本质差异的感觉与认为人具有独特价值的看法联系在一起，并根据不同的原则被诡辩派（Sophistes）（"人是万物的尺度"）、柏拉图、斯多葛学派、教父哲学、最初的护教士所接受，特别是被笛卡尔所接受。西蒙东将这些学说描述为"伦理学说"。然而，道德或宗教价值同样可以导向人类心理与动物心理之

1　这个描述对应苏格拉底在柏拉图的《斐多篇》中陈述的知识自传（从 95e 开始），在那里他解释了青年时期的他对安那克萨哥拉等自然主义者的研究感到多么失望。与寻找使事情变成它们现在的样子的自然因果链条相比，苏格拉底认为，唯一真正重要的事情是要知道我们为什么要做我们该做的事情：如果苏格拉底此刻身陷囹圄，根本原因不是身体的骨骼和肌肉（物理与生理的规定性，没有这些，他便不会在那里），而是他的思想，他认为正义之理念希望他不要因逃脱惩罚而做出有损城邦的事情，即便这个惩罚不公正，因为他的一切成就都归功于城邦。苏格拉底想表达的是，唯一值得我们关心的事就是人，这个拥有明智（phronèsis）的存在，明智即思考理念的能力，而理念是万物最终的原因。——原注

间存在相似性或至少存在连续性的相反论点，就像文艺复兴时期的亚西西的圣方济各（saint François d'Assise）或乔尔达诺·布鲁诺（Giordano Bruno）主张的那样。西蒙东本人着重指出，那些认为笛卡尔的立场"过分、怪异与可耻"的论敌对其进行的猛烈的道德评判对这场争辩及其命运起了决定性作用。但是，即便是类似于亚里士多德的表达，也就是建立在客观观察并被西蒙东认为是拥有（"从结果来看或从本原来看"）"智性的、丰富的、非系统的、非二分法的视域"的表达，最终还是通向了人与其他生物的等级划分，即使这种划分"并非以规范的对立为目的"，但它在价值论意义上也明显不是中立的。[1]

---

1 要证明这一点，只能考虑亚里士多德赋予理性的角色，理性是"人特有的特点"，存在于他的道德中，以"实践理性"（noûs praktikos）的形式出现，属于"实践理智"，而"实践理智"的德性就是明智（phronèsis）（参见《尼各马科伦理学》[Éthique à Nicomaque]第六卷）。由此这个特有的差异的伦理意义就很明显了，即使这个差异可能并非是在道德意图上被确立下来的，总之，意图并非在伦理角度上建立人与动物的根本分别，就像亚里士多德断言的那样，某些动物可以拥有某种明智，某种对明智的模仿。——原注

理念的历史及其整体辩证法

　　一般来说，在本书所研究的时期内，即便存在着理念的"辩证的"（dialectique）总体运动迹象，但显而易见的是，对立的概念在每一个时代仍然能够存在并且在失去支配地位之后重新回归。这便是西蒙东所呈现的研究在历史广度上的意义，虽然他未能对每一个学说都进行深入探讨，但却可以使我们看到每一个学说对某个问题的提出与解决做出的贡献：对于这个问题来说，并不存在一种古希腊罗马时期的概念，也不存在一种基督教的概念。古希腊罗马时期，前苏格拉底学派与亚里士多德在人与动物之间构想出了一个巨大的连续性；但是苏格拉底、柏拉图与斯多葛学派与其相反，他们强调人在自然中特殊且不同的地位。在早期与中世纪的基督教中，一部分人热衷于贬低动物的地位并将其与人——至少与真正的基督徒——绝对地分开，另一部分人则热衷于抬高动物的地位并认为动物与人相同、相似或至少相近，这两种热情得到了很大的发展，而无论哪一种情形，都是建立在对动物的神秘表述之上的。其实并不存在某种基督教对于人性与动物性之间的关系的概念，我们只能说这对基督教而言是一个问题，这个问题在基督教内部有着特殊的形式和含义。实际上，基督教提出该问题的方式有很多种（有拥护的理由，也有反对的理由，它们对基督徒而言是有某种意义的）。我们也不能认为存在着某个现代所特有的概念（现代指的是 16、17 世纪，甚至是 18 世纪，虽然西蒙东的研究并未涉及 18 世纪，至少课程内容并未涉及这一时期），笛卡尔以及笛卡尔主义者与他们的论敌之间的概念争论便揭示了这一点，这里提到的论敌是博须埃（Bossuet），特别是拉封丹（La Fontaine）。我们看到，在我们讨论的事情中有一个问题，它虽然不是永恒的问题，但却在不同时期以不同的方式在重要的哲学术语中被重新提出，超越了论点与学说之争。

西蒙东提到的诸多概念彼此对立，并围绕着以下五个重要问题表明不同立场。

· 第一个问题是认识人与动物之间是否具有连续性（continuité），抑或是否有着本质差异。第一种立场是前苏格拉底时期"自然主义者"（naturalistes）的立场（毕达哥拉斯或阿那克萨哥拉［Anaxagore］），第二种则是苏格拉底与柏拉图的立场（对西蒙东来说，柏拉图的这一立场没有那么强烈），在这一点上，怎样明确定位亚里士多德或许是一个问题。

· 如果我们承认人与动物之间的差异，那么问题就更加确切地变成了，我们是否被引向西蒙东所谓的人与自然分离的明确的"二分法"（dichotomie）。这是苏格拉底、斯多葛学派 [1]、早期的基督教护教士以及笛卡尔的立场。亚里士多德、圣奥古斯丁（saint Augustin）、圣托马斯（saint Thomas），还有蒙田、博须埃、拉封丹，虽然认为人与动物之间存在着某种特有的差异，他们的立场却更加温和。

· 若人与动物之间存在差异，谁更优越呢？提到布鲁诺和蒙田这样的人物的意义是他们证明了支持如下观点的可能性：在某种程度上，动物更加优越。

· 如果说人更加优越，那么问题就变成：这种优越是因为人比动物更加进步（这是前苏格拉底学派的普遍立场，比如阿那克萨哥拉），还是因为存在着从人向动

---

1 "他们想要证明，人是自然中的一个例外存在"（本书第 27 页）。——原注

物的退化（这是柏拉图在《蒂迈欧篇》当中的立场[1]）。

· 最后，如果我们不能在人与动物之间建立二分法和等级差异，而是确立了两者的同质性（homogénéité），剩下的就是了解下面的问题：是否应该以人作为模板去思考动物，传统的概念确立了这一模板（人被赋予理性、智性、理性灵魂，等等），这是古希腊罗马时期的立场，而笛卡尔主义与之对立；或者是否应该以动物作为模板去思考人，这一模板则是由笛卡尔主义的概念确立下来的。而正是这最后一种立场，在当代心理学形成的历史中占据了主导地位。

---

[1] 西蒙东想在此介绍的并不是柏拉图的全部概念，而只是那些最能说明问题的方面，并且这些方面可以构成问题以及与我们的问题相关的立场的整体。我们了解技术对于西蒙东的意义，但他在此并未提到《普罗塔哥拉斯篇》（Protagoras）当中的普罗米修斯（该篇对于技术思想十分重要），本书从动物开始介绍了生命体的创造力与配置，把人放在最后一位，这就使得人与动物相比更加缺少自然配置，并且使得那时赋予人类的技术以问题的形式被呈现出来。技术有别于自然配置和自然（本能）技能，同时也像是某种人类特有的自然配置与自然技能的（替代物）。但是这种表述（其重要性占据西方文化的中心地位已长达几个世纪，西蒙东所提到的是塞内卡的版本）并不如看上去的那样与前苏格拉底时期的自然主义者的表述不同，较动物性而言，后者在人性中看到的是一种进步，而关于柏拉图，西蒙东更愿意提到《蒂迈欧篇》（Timée）当中的神话，其中把动物性当作人性的退化，这个神话构成了关于我们最初的问题的思想轮廓（并形容这个问题既绝妙又可怖）。——原注

　　西蒙东对笛卡尔的介绍[1]对应了某种对笛卡尔的接受传
统，即从理念的历史而不是从哲学学说的历史的角度来看笛

1　这里所介绍的笛卡尔的形象可能更接近某些有点"僵化"的"笛卡尔主义者"（比如马勒伯朗士）或者反对笛卡尔的主张的人（比如拉封丹，西蒙东提到拉封丹时表现出明显的赞同）所接受的笛卡尔的形象。的确，如果我们稍做判断，就会发现这里涉及笛卡尔哲学的整体，笛卡尔就此问题进行了准确、细致且权威的讨论，想要准确把握他，工作的艰巨可想而知。为了更好地研究他，我们可以特别参考以下篇目：《第一哲学沉思集》（ Méditations métaphysiques ），第六卷，《对第四组反驳的答辩》（ Réponses aux 4 Objections ［ Pléiade ］），第 446 页，尤其是第 448–449 页，以及《对第六组反驳的答辩》（ Réponses aux 6e Objections ），第三辩，第 529–531 页；《论人》（ Traité de l'Homme ），尤其是第 807、872 、873 页；《谈谈方法》（ Discours de la méthode ），第五部分；《1638 年 4 月致勒内里的信：为博罗而作》（ Lettre à Reneri pour Pollot [avril 1638] ），第 39–41 页；《1646 年 11 月 23 日致纽卡斯尔的信》（ Lettre à Newcastle du 23-11-1646 ）；《1649 年 2 月 5 日致莫鲁斯的信》（ Lettre à Morus du 5-2-1649 ），第 1318–1320 页。这些素材中的一些话，如果单独看的话，似乎提出了如下观点：人完全没有可与动物相比较的灵魂，笛卡尔愿意称之为"物体性灵魂"（《对第六组反驳的答辩》，第 530 页，《致莫鲁斯》，第 1318 页），也就是说与身体功能相关之物，称之为这台"动物机器"，即它是有活力的、活生生的（《论人》，第 873 页）。然而，我们可以说，正是这个"物体性灵魂"（它仅是功能构造意义上的身体，除此之外什么也不是）立即且直接地赋予了身体活力，不论是动物的还是人的身体，因为（《对第四组反驳的答辩》）它不会立即变成人类特有的、能够使身体行动的灵魂（只有人才能拥有的是"精神"、"思考之物"、"理性灵魂"）：它只会介入"元气"的中枢（据《谈谈方法》第五部分，其功能性的流动与我们今天的"精神冲动"十分相似，尽管"元气"只在心房中产生，再由心房输送到大脑中，接着到达神经与肌肉），而"元气"实际上让整个身体在机体的深度统一性下行动（《第六个沉思》）；笛卡尔补充道，有些时候灵魂甚至根本不介入其中。也就是说，如果我们忽视这一细节（即我们也可以说人同样有"物体性灵魂"），那么（1）动物身体就好像是没有活力、死气沉沉、没有兽性的；（2）即便是在身体方面，人好像也完全区别于动物。相反，如果我们考虑到这个"物体性灵魂"的存在，那么笛卡尔的立场就可以被表述为同时包括了人和动物之间的某种相似（相同的生理与心理就可以被运用到身体与灵魂的研究中，只要身体是活的，就与灵魂相关，就像《谈谈方法》第五部分［第 157 页］所说，"在这一方面可以说无理性的动物和我们是一样的"，根据西蒙东有力的观点，这实际也是科学的历史向我们展示的论点）和本性的根本差异，因为只有人才拥有笛卡尔所谓的思考主体（ res cogitans ）、思考之物的灵魂（它与身体及其功能如此紧密地连接在一起，以至于存在整体都受其影响）。——原注

卡尔所产生的巨大影响，这些理念对于心理学概念的形成，甚至对于规定心理学的有效对象都具有重大意义。笛卡尔的学说，正如它被引述的那样，对那些担心动物以及担心动物因此被虐待的人来说，会显得令人反感，但对于西蒙东来说，此处最重要的问题不是讨论这个学说本身或讨论人们是否应该认同它，[1] 因为西蒙东的视角是历史性的：以此等视角理解的"笛卡尔主义"超越了对它的否认，以及它有时能够激起的强烈的抵制反应，在历史上"胜出"了，并且颠覆、摧毁了当代心理科学中的古典概念，同时也颠覆了我思（cogito）的笛卡尔主义倾向，也就是建立在我思经验上以在本质上区分"理性灵魂"（âme raisonnable）与"物体性灵魂"（âme corporelle）的笛卡尔主义。以上便是西蒙东关于与他构建的历史相一致的整体"辩证法"的论点。笛卡尔主义的意图是让我们能够从科学的角度出发通过行为、精神和本性充分认识动物，将它看作一台机器，这台机器当然有生命，不过却

1　此处最重要的问题也不是讨论，比如，笛卡尔是否拒绝赋予动物以生命、感性与欲求（"食欲"），他明确否认自己曾经在《对第六组反驳的答辩》（第 530 页）以及《1649 年 2 月 5 日致莫鲁斯的信》（第 1320 页）当中主张过这一点，他在上述两篇文献中只说过，对于动物的思考究竟是什么，我们既不能证实它，亦不能论证它是不存在的，西蒙东引用笛卡尔的话："因为人的精神不能够看透动物的心。"——原注

缺少理性思考（在笛卡尔找思的自省思考的意义上讲），笛卡尔主义不仅与自 19 世纪以来的"动物"心理学（动物行为学）的结果一致（尽管一些人对此有愤怒的对抗），更重要的是，它与普遍意义上的（"人类"）心理学的生成相一致，这生成或以实验心理学和行为主义心理学（根据华生［Watson］[1]的话，这是"去灵魂的心理学"）的形式出现，或以最近的方式出现，即"控制论"（cybernétique）和来自"人工智能"（自 1946 年起）的认知心理学[2]。笛卡尔主义以他的方式把作为科学学科的动物心理学与人类心理学同质化了，此外，还把心理学变成了生物学的一部分，而因其本身的原则，生物学被设计成了一个"机械"（如果我们在笛卡尔赋予它的真正意义

1　约翰·华生（John Watson），美国心理学家，行为主义心理学创始人，其研究大量涉及动物心理学。他曾在《行为主义——心理学中的现代注释》（"Behaviorism——The Modern Note in Psychology"）中写道："1869 年，当第一个心理学实验室成立之时，心理学最终成了去灵魂的科学，这是冯特（Wundt）的学生引以为荣的事。［……］冯特和他的学生的真正成就就是用'意识'一词代替'灵魂'一词。"参见：J. B. Watson, "Behaviorism —— The Modern Note in Psychology," in *Psyche*, V, 1924, p. 3-12。——译注

2　我们可以把对笛卡尔主义的批评与西蒙东在《论技术物的存在模式》（*Du Mode d'existence des objects techniques*［Aubier-Montaigne, 1958, 1989］）中对 N. 维纳（N. Wiener）的控制论的批评相比较，西蒙东认为维纳的控制论基于"对技术物与自然物，特别是生命体的过度同化"（第 48 页；亦参见第 110 页及之后内容，第 149 页及之后内容）。——原注

上去理解这个术语的话）。当然，要做到这一点，只需把笛卡尔当初真正想要建立的学说暂时搁置：人类特有的理性灵魂的存在（至于人类特有的理性灵魂，它并非是经验心理学的一个可能的对象，它能够直接进行自我认知，比所有身体性的东西更容易进行自我认知）。这个有效的历史"辩证法"致使当今的心理科学形成，它在某种意义上被包含在了伽桑狄（Gassendi）对笛卡尔的反对意见中："既然禽兽的灵魂是物质的，那么人的灵魂也可以是物质的"[1]。

根据生命与心理的个体发生考察动物与人

作为结尾，我们可以思考一个问题：西蒙东自己的立场到底是什么？实际上，不论是对他人观点的回顾——西蒙东赋予它预科学习内容的价值，但对于思想在其中形成并不抱希望，还是考虑到历史向我们所展现的事实，都不足以概括

---

1 《第一哲学沉思集》（*Méditations métaphysiques*），第五组反驳，第471页。我们可以把 G. 康吉莱姆（G. Canguilhem）专门就作为18世纪研究内在意义的科学的心理学发展所说的话运用到整个当代心理学的构建历史之中："心理学的所有历史可以被书写为对笛卡尔《沉思录》的不负责任的误读"（《什么是心理学？》[Qu'est-ce que la psychologie?]，第371页，载《科学的历史与哲学研究》[*Études d'histoire et de philosophie des sciences* (Vrin 1970)]）。——原注

西蒙东的立场。我们还需要确认事实是否成立，需要确定与这个事实相关的发展中可能出现的合理性，需要理解这个发展究竟意味着什么并以何种观点看待它。为此，我们打算考察西蒙东如何借助纯粹的哲学思考指出该问题的必要性。因为在哲学上并非所有问题都是等同的。所有问题只有通过构建的过程才能成为哲学问题，这个构建的过程通常就是改变问题最初的含义。

然而，在他主要的哲学著作《个体及其物理—生物起源》[1]中，西蒙东自问："心理与生命是如何彼此相互区分的呢？"（第151页）[2]；而不是问：人与动物如何相互区分呢？对第二个问题的回答在某种程度上当然取决于对第一个问题的回答，但并非以直接的方式：在竭力回答第一个问题的同时，西蒙东感到需要就人与动物之间的关系做一个澄清，他用了脚注的方式（即某种意义上边缘的方式），这实际上表明，上面的两个问题显然有着紧密的关联，同时也说明，他着手回

---

1 《个体及其物理—生物起源》（*L'individu et sa genèse physico-biologique* ［PUF, 1964］）是西蒙东博士主论文的前半部，后半部则以《心理与集体的个体生成》为题出版（*L'individuation psychique et collective* ［Aubier 1969, Millon 1995］）。——原注

2 本书"序言"后文部分出现的页码及夹注均指向《个体及其物理—生物起源》一书，后不再一一说明。——编注

答最根本的问题时所做的分析可能会导致对人与动物的关系产生错误看法。实际上，第 152 页的这条注释的开头就像是一次对错误观点的校正："这并不是说，一些存在只是活着，另一些活着并思考；动物很有可能在某些时候处在心理情境（situation psychique）中，只不过这些将其引向思考行为的情境在动物那里并不常见。"因此，生命个体与有着心理存在模式的生命个体之间的区别并不适用于动物与人。

然而，在这本著作中，我们的确本想找到究竟是什么决定了动物与人（以及两者的关系），鉴于西蒙东表明的总体意图是"根据物理、生命以及心理和社会心理这三个层面研究存在"，确定的问题是"根据（这）三个层次，让个体重新回到存在之中"，实施的方法是"研究个体生成的形式、模式和等级，以便根据（这）三个层次，让个体重新回到存在之中"（第 16 页）。然而，西蒙东并没有将实体(substances)作为"物质、生命、精神、社会领域的基础"，而是选择了"个体生成(individuation)的不同制度"（同上），最终，这个学说"假设了从物理现实一直到高级生物形式的一条链条"（因此一直到人，也包括人的社会存在模式），但"没有建立阶级和种属（genres）的区别"，虽然做这种区分一定能够帮助我们了解究竟是什么在经验中促使我们考虑"个体"与"种类"、种类与"种属"之间的关系（第139、243页）。[1]

动物与人之间并没有本质区别，因为从西蒙东的哲学出发，即从广义的个体发生学出发，原则上不存在任何本质区别，西蒙东的哲学是普遍本体论，也是被分化的本体论。它是差异的本体论，是作为关系的差异的本体论。一切都是存在，我们每一次都必须以特定的方式思考它的意义。一切指的是所有个体现实，甚至是所有非个体（前个体）的现实。这是因为存在即关系。一切真正的关系都有"存在的位次"（第11页）。正是通过它与存在以及可能的存在模式的整体的关系，万物才是存在（尽管在实体意义上它并非"物"）。

第152页的那条注释没有说人和动物是相似的，而是说我们没有办法选定"某个本质去创立一种人类学"，从而通

1　在某种意义上，种属与种类并不存在。只有个体存在；实际上，个体在严格意义上也不存在：只有个体生成存在（第197页）。"个体并不是一个存在，而是一个行为，存在是作为个体生成行为施动者的个体，通过这个行为他显现出来并存在着"（同上）。这就使得生命体的存在（基于一种"本性"而作为种类、种属或两者兼有）缺少足够的客观基础：没有任何生命体的分类，因此也没有任何生命体的等级被客观地建立起来（第163页）。能够把它们集中在一起的方式不仅包括它们的"自然"（解剖学—生理学的）特征，还有它们实际群居并自己形成社会的方式，它们在形成它们建立的群体的同时进行个体生成的方式，也就是说（以"超个体"的方式）对它们在其中进行个体生成的群体再进行实际的个体生成。——原注

过它去了解人与动物的差异。动物多种多样，且彼此不同，甚至在同一个品种（race）中，存在从最简单到最"高级"的所有形式。人的差异也是如此，至少根据个人发生的时间段（胚胎、成年以及最终的衰老）来看是如此。无疑，引导和限制个体生成可能性的自然决定因素是存在的，无论个体生成是生命的还是心理的（"比起思考能力，动物拥有更强的生存能力，而人的情况正好相反"），但环境的重要性、环境能够做出与生成的事物都不应该被低估。只不过，环境不能被看作唤醒仍在沉睡中，却依然具有决定性的一部分自然潜力的推手（第153页）。正是通过提出一个新问题，环境才能将生命体引向一个以新的、心理的、集体的个体生成为形式的解决方法。[1]

动物是否可能"在某些时候处在心理情境中"，并且这些情境能够"引起思考行为"（或许断言"动物思考"或动物"拥有思想"不完全准确），这个问题意味着"一道门槛已被跨越"。

---

[1] 首先，心理不是某些生命体可能会拥有的高级的才能。"真正的心理在生命功能不再能够解决生命体的问题之时出现"（第153页）；生命机制放缓了，成了自身的问题，因为"泛滥的"、"只提出问题却不解决问题"（第152页）的情感没有调节的能力去"统一解决知觉与行为的二元性问题"（第151页）。——原注

但"个体生成并不遵循非黑即白的定律：它可以以量子的方式、通过突变实现"（第 153 页）。如果说"思考"对于动物来讲有意义的话（我们不知道这对于动物来说可能意味着什么，我们只能猜测，这么做的原因就像笛卡尔所说，是因为我们不知道动物能感受到什么），我们就不必非得认为思考如同一个完整且全新的存在模式（对应着某种本质）突然在动物身上发生，而是说动物至少可以通过它与自身和环境之间的关系模式中众多的微小差异去实现思考，这些差异则首先会被它视为诸多新问题。西蒙东并不关心对动物思考的问题的说明，这在他的学说范围内没有意义，但是他说明了在古典形而上学与道德概念之外，我们在来自对物理学、生物学与心理学的思考的广义个体生成视角中所掌握的一般理论手段（目的是在通常的意义上想象什么是心理与思想），不能把心理与想象的可能性从一个存在那里剔除，只要这个存在是生命体。动物是什么？人是什么？他们之间有何关系？我们不能在理论知识的意义上以精确的方式回答这些问题，是因为表达这些问题的词语背后是那些首先有着道德与形而上学含义的观念。然而，我们不能事先了解一个存在能干什么，只要这是一个生命体。即便我们可以观察到重点和要点，我们也不能界定一个已生成个体的、有生命的存在能够做什么，也不能界定它到底是与它自身内部某物（前个体）还是与它所不是之物（超个体和个体间）有关系。或许这其中也有道德和形而上学的影子。

让－伊夫·夏多

（Jean-Yves Chateau）

动物与人二讲

Deux leçons sur l'animal et l'homme

第一讲 [1]

今天，我们学习心理学领域中动物生命观念的历史。它跨越了自然科学与人文学科，实际上是两个领域中的概念形成的一个源头，该源头由动物生命观念的长久发展所揭示。它的其他形式表现为智性、习惯、本能与生命之间的关系问题。

本能行为（conduite instinctive）是什么？与纯粹的人类行为相比，动物行为的特点是什么？在历史中，不同作者所揭示的是功能等级中的哪个观念？功能等级的原则在

1　本文是西蒙东在普瓦捷大学 1963—1964 学年第一学期的预科班课程初期的录音转录稿。以下的原注与标题均为转录稿编辑所加。——原注

何种意义上能够获得一种启发性的价值，并从古希腊罗马时期延续至今？以上便是我尝试借两次讲座向各位展示的主要内容，讲座会追溯这个观念发展的不同历史层面，并将其同动物生命与本能行为的问题的当代呈现方式联系起来。当然，讲座也将讨论上述问题揭示出的动物心理学这一观念。

古希腊罗马时期

以时间来看，我们可以说，古希腊罗马时期产生的第一个观念并非本能，或与本能对立的智性观念，而是为人熟知的人类生命、动物生命与植物生命。在前苏格拉底学派那里，人的灵魂——它曾令思想史的研究者震惊——并非被当作与动物的灵魂或植物的灵魂不同的本质，这一点是清晰或者说是十分清晰的。一切活着的事物都具有生命的本原，生物界与非生物界之间的区别要远远大于植物、动物与人之间的区别。这个看法出现的时间比将动物的生命与人的生命、人的功能与不同本质的动物的功能对立起来的看法史早一些。

毕达哥拉斯

例如，对于毕达哥拉斯来说，人类的灵魂、动物的灵魂、植物的灵魂具有相同的本性。化身为人类身体的灵魂之生存方式、化身为植物身体的灵魂之生存方式或者化身为动物身体的灵魂之生存方式之间的差异是由身体及其功能确立的。从这些关于灵魂同一以及本性一致的原始学说中得出的是灵魂转世说（métempsycose），亦即灵魂的转生。灵魂转世说是一个古老的学说，它假定灵魂是一个不依附于个体性的活生生的原则，无论这个个体以哪种存在形式出现。动物的灵魂可以赋予人类身体生命，能够在人类身体中再生，一个转化为人类身体的灵魂，在以人类形式存在之后，可以完美地重新以植物或动物的形式存在。[1]第欧根尼·拉尔修（Diogène Laërce）引述了毕达哥拉斯

---

[1] 例如，恩培多克勒（Empédocle），《论净化》（Katharmoi），法语版第 117 页，"我曾是少年与少女，是灌木丛与鸟儿，是海里静默的鱼〔……〕"。——原注

那在某些人看来具有反讽意味的话语。某天，毕达哥拉斯在街上听见一只狗在叫，一只被残忍虐待的幼犬。毕达哥拉斯走近这些动物的施虐者，对他们说："住手，这只狗是我一位故去友人的化身。"[1]第欧根尼·拉尔修在几个世纪之后猜测，毕达哥拉斯的这句话具有反讽的意味。然而，我们极有可能通过这个传说，近乎必要地认为，毕达哥拉斯能够说出此类话，是因为当时存在对于灵魂转世说的普遍信仰，也是因为他或许有意借助这种对灵魂转世说的信仰，从而阻止对这只动物的折磨。总之，由此揭示的是处在我们西方文明源头的对灵魂转世的半原始的信仰之基础，即假定灵魂并非一个纯粹属于个体的现实。灵魂在一段时间内以确定存在的不同类别为形式进行个体化，但在这个存在之前，它经历了其他存在形式，在这个存在之后，它亦会有其他存在形式。

---

[1] 相关片段参见第欧根尼·拉尔修：《名哲言行录》，马永翔等译，吉林人民出版社，2003。——译注

　　我们不应忽视类似学说或信仰的启发性贡献，因为通过这个信仰，生命连续性的可能性得以表现出来，这个连续性是超越了个体的某物经过的实在性。当个体死去，腐败的只是身体，某物依然存在。另外，基督教的唯灵论学说（doctrine spiritualiste）采取的正是灵魂永恒、灵魂潜在的不朽性的理念，但唯灵论显然对此进行了十分重要的革新，即个体性，灵魂的个性。灵魂虽不朽，但我们好像可以说，它只作用于现世存在。在此之后，灵魂便被限定于其命运之中。与之相反，在希腊人原初的学说中，灵魂从未被某个存在打上永远的烙印。在一个存在之后，灵魂还会经历其他存在形式，它以某种方式不断复苏、转世，以不同种属的形式重新存在，它可以从一个活着的种类过渡到另一个有生命的种类，这很有可能就是对不同的灵魂转世的信仰之基础。这些变形（métamorphoses）是一个生命体的形态变化，这个生命体在经历了被抛弃的命运或过错之后，经由诸神或属于不同种类的另一种力量完成转变。[1] 例如，一个男人可以变成鸟，或者变成海怪，抑或变成河流；一个忧伤的女人可以变成泉或树。这些都是变形，从根本上来讲，即关系到个体性的种类变化，但此类变化假定了一个本原，特别是一个生命的本原，并且它在某种程度上是有意识的，当形态的个体性转变之时，这个本原会被保留下来。刚刚我讲到，这种对灵魂转世说及其可能性的原初信仰，即对存在的形态变化的同时保留生命本原的原初信仰，可能有利于人们发展学说，比如生命连续性和种类变化的学说。

另外，我们很快会在柏拉图的学说中发现某种物种变化论，但这是倒置的、倒退的物种变化论，也是西方思想史上物种变化学说的最初形式。

1　例如，当达芙妮（Daphné）被阿波罗追求的时候，她变成了月桂树；奥拉（Aura）被宙斯化为泉；德墨忒尔（Demeter）使蜜蜂从梅丽莎（Melissa）死亡的身体中生出来；赫利阿得斯姐妹（les Heliades），赫利俄斯（Helios）的女儿，在河岸边被化为白杨树。参见：格里马尔（Grimal），《希腊、罗马神话辞典》（*Dictionnaire de mythologie grecque et romaine*［PUF，1951］）。——原注

阿那克萨哥拉

在前苏格拉底哲学中，至少在柏拉图之前的作者那里，我们发现了阿那克萨哥拉的学说，它肯定了一切灵魂本性都独具身份，但智性与理性（努斯［noûs］）的数量却各异，植物的努斯在强度、精细度与力量上都不及动物，同样，动物的努斯在强度、精细度与力量上也远不及人。这并非本性的差异，而是不同的存在在智性与理性数量上的不同。

苏格拉底

第一位将植物或动物的生命本原与人的生命本原之间的对立引入古希腊罗马时期，并在某种意义上对传统二元论负责的人是苏格拉底。事实上，苏格拉底区分智性与本能，并在某种程度上将智性与本能对立。可以这样说（在这里，我们实际上可以这样说，即便这个词后来被过度使用），他创立了一种人本主义，也就是说根据这个学说，人作为实体，不能与自然中的其他任何实体相比较。阿那克萨哥拉所探讨的自然与诡辩派及苏格拉底所探讨的人之间，没有可比之处，将所有精神或气力用来研究自然是自我迷失。苏格拉底后悔将青年时代的所有时间都用来研究自然现象，所研习的作者也都是物理学家和阿那克萨哥拉。自此之后，他发现人的未来以及人最根本的利益不是对星座或自然现象的研究，而是对人自身的研究。不是要认识物、世界、物理现象，而是要像刻在德尔斐神庙三角楣上的文字所说的那样："gnôthi seauton"（"认识你自己"）。苏格拉底的教益是回到自我的教益，也是通过意识、通过对我们自身会拥有的真理的追问而不断深入的教益，就好像我们渴求真理一样。拥有传播真理的潜能的并非自然，潜能是作为人的我们的本身所有，因为我们是特殊的存在，我们是应当被揭示的实体的承载。这就是说在动物本能与人类理性之间、动物本能与人类智性之间存在着本质的差别。从这一点来看，所有物理，亦即世界与自然的理论，都被拒绝和摒弃了。

柏拉图

这便导致了一种不再是完全的二元论的理论出现，该理论是将人置于自然存在之前，在某种程度上再度成了宇宙起源论和宇宙论，这便是柏拉图的理论，它用自己的方式表现了苏格拉底所发现的人的优先地位。实际上，柏拉图是通过人进而考量动物的。这一切的原型是人类实体。我们在人之中看到三个自然领域的图像。这个图像以三种本原的形式出现：noûs（理智）、thumos（心、激情）、épithumia（欲望）。理智的优先地位是人的特征；激情（本能的冲动）构成了动物的特点；最后，欲望规定了植物的特性。如果人被简化为脏器，被简化为横膈膜与脐部之间的器官，那么他便如同一株植物。他会被简化为 to épithumétikon："欲念的"能力，"植物性的"能力。这种能力只能感受到与欲求或满足联系在一起的欢乐与痛苦、愉快与不悦。欲求一直存在着，它是痛苦的源头，因为缺失是痛苦的起因。欲求得到满足时，满意便至。满意的欢乐与欲求的悲伤和痛苦相对，欲求的悲伤和痛苦是to épithumétikon 的两个形态，欲望（épithumia）的能力与欲念（concupiscence）的能力。至于激情（thumos），它构成了动物的特点。动物有勇气与本能。它们有冲动，倾向于本能，它们的生性就是要保护幼崽、进攻入侵者、按照由 to épithumétikon 而至的本性做出某些行为。一匹马、一头狮子也可以像人一样勇敢。但它们缺少的是理智（noûs），亦即利用知识组织其行为的理性能力，了解行动原因而行动的能力。而动物却不知为何而行动，它们依照冲动、存在于自身的某种有机热量、本能的冲动而行动。这就意味着可以把不同的动物看作低等级的人（sous-hommes），当作人的退化。柏拉图在《蒂迈欧篇》[1] 中思索了一种以人为基础的动物创造理论。其原则是人，人是最完美的，他在自身中显露出所有元素，这些元素之后能够通过退化（这就是我刚刚所说的逆向进化）创造出不同的物种。例如，人有指甲，但对于人来说指甲没有任何

---

1 柏拉图，《蒂迈欧篇》（*Timée*），39e, 41b-43e, 76d-e, 90e-92c。——原注

作用，只是一个脆弱的甲胄，指甲是最脆弱的武器。但通过逐步的退化，我们看到爪子所扮演的角色慢慢显现。首先，男人是女人的起因，女人能更好地使用指甲。接着，我们再看猫科动物，爪子的使用对于它们来说有着不容置辩的益处，它们的爪子更发达，并且属于我们现在所说的身体图式（schéma corporel），意即它们天生就知道如何使用爪子。它们跳跃的方式已然同准备抓捕、撕碎猎物时的爪子形态有所关联。因此，某些在人身上显得无用的身体构造细节在一个描绘整个世界构造的图景中得到了解释，在这个图景中，通过简化与退化，不同的物种由人转化而来。

《蒂迈欧篇》中的这个在某种意义上奇怪却绝妙的观点是西方世界关于进化论的最早见解。只不过这是一个逆向的进化论（théorie de l'évolution à l'envers）。人是所有动物中第一个被构造出来的，通过简化与退化——这意味着人类身体某个方面的发展，重大的发展，例如爪子取代指甲的发展，我们能够获得适应于特定生活方式的某种动物种类。这并非通过上升的、发展的进化将人从动物种类中抽出，相反，这表明了一些更简单的图式，即动物的图式，是如何摆脱人类的图式的。我们可以将它同其他的转生神话相比较：灵魂在选择肉体之后饮入忘川（Léthé）之水，[1] 灵魂根据它们之前的存在及其功德选择肉体，那些尽可能在认识真理与实践深思的过程中上升的灵魂不会错过选择一位哲人的肉体；对其他灵魂来说，它们则进入某个动物的身体之中。如果柏拉图继续停留在这个退化的序列中，他甚至可以说，人们可以再生成为树。然而，与以植物形态再生联系在一起的变形观念似乎是通过东方宗教神话在希腊流传开来的，并且在柏拉图时期并未得到很好的发展，至少在哲学领域如此；在诗歌领域可能更好一些。神话学讲述的内容里面实际上包含了向某种树的转化。

因此，十分值得注意的是，柏拉图的学说中存在等级

---

1 例如，参见：柏拉图，《理想国》（*République*），第十卷。——原注

观念，我们在《蒂迈欧篇》中看到：一切都有等级，三界有等级，但它们的性质并未被严格区分，更多的是等级差异，不过等级差异最终包括了性质差异。总之，我们最终不得不止步于动物与植物之间的转化上，不过似乎有一个解决这个连续性问题的办法，因为毕竟动物向植物的退化尚不明确。

以上是古希腊罗马时期学说的第一部分。在某种意义上，我们可以称其为价值论（axiologiques）和神话学说。

亚里士多德

现在，我们进入古希腊罗马时期学说的第二部分，第一个基于观察的客观自然主义学说来自亚里士多德，该学说是关于植物与动物、动物与人之间的关系的。首先，亚里士多德并未拒绝考虑植物。对他而言，植物已然包含了灵魂，展现出灵魂、植物本原的存在，亚里士多德称之为 to treptikon，也就是和发育与生长相关之物。trepein 和

treptikon 这两个词均来自 trephô 一词，意为滋养、变得强壮、使生长。treptikon 是植物中主管营养功能的。然而，下面这点十分重要，并且它展现出亚里士多德观察力的深度：植物的功能不仅仅是吸取养料。诸位可以看到柏拉图的等级观点是如何被基于观察的观点所代替的。植物吸取养料，即它在同化养料、在生长。它在同化养料之时固定住土地、空气或光线带给它的元素中的某物，固定住那些对组织的发育与生长必要的部分。它不断进行同化，最终吸收营养。而营养并非只为了自己。植物能够再生，所以吸收营养也是为了再生。因此，在 to treptikon 的概念中，发育的现象、植物性都包含着营养，吸收营养的目的（目的论原则）是繁殖。植物因此以繁殖为目的，以自身的再生为目的，它的生长也是为了繁殖。因此，一些植物，比如仙人掌（当然还有很多其他的植物），用几年的时间发育、增大、储备能量，然后开花、结果、枯死。它们唯一的动作就是在自然界播种，接着便会枯死。它们发育的目的，它们短暂的经历，都汇聚成产出的种子。几年间，它们为了开花和结果储备营养和水分。诸位可以看到这里使用了比较重要的目的论的观点，因为诸位明白，我们会十分轻易地给植物生命、动物生命和人的生命划分等级，仅仅赋予植物吸取养料的能力。这就是刚刚提到的柏拉图的 to épithumétikon。柏拉图的 épithumétikon 被 to trepikton 所取代：这便不再是一个价值评价，而变成了一个现实评价以及通过经验产出的研究成果。植物不断生长、同化，它们以某种方式同化以至于所有的同化都汇集到再生的可能性上。因此这里存在某种逻各斯（logos），某种在植物发育与形成的方式中有目的的定向。这一点特别重要，因为这里对带有自我中心或至少是人类中心色彩的价值评价进行了替换，这种评价出现在我称之为神话学阶段的第一阶段，替换它的是现实评价，它本身就是基于观察的结果，也因此比价值评价更加丰富，因为现实评价涵盖了诸多功能之间的关系，即植物更迭的短暂关系，还有其构成、不同的汲取营养行为的功能连续性以及繁殖行为。

此外，亚里士多德生物学的另一个方面是动植物与人之间的同一性或对等观念。相同的功能可以在三界以不同的过程和操作方式实现，但这并不妨碍我们对它们进行比较。这里，亚里士多德利用功能观念将我们带到抽象的层面，并且程度比他的先辈所实现的要高很多。动物除了 treptikon，即生长能力之外，还有 to aisthètikon，即感觉能力。to trepikton 由营养与繁殖构成，与它类似，aisthètikon 也集中了两个功能：首先是 aisthèsis，即体验与感觉能力；其次是 orexis，即欲求，它是 aisthèsis 的结果并且显示了动物的特性。动物天生就有感觉和运动机能，运动机能以欲求和冲动的形式表现出来。这和我们刚刚在柏拉图学说中看到的激情（thumos）类似。感觉就是亚里士多德所说的 hèdu kai lupéron，aisthèsis 就是体验 hèdu kai lupéron，即欢愉与痛苦的能力，这两个特质都是 hèdu kai lupéron。而 orexis 是体验 hèdu kai lupéron 的结果。避免痛苦、寻求欢愉的冲动是所有生命体、所有动物的驱动力，因为植物究竟能不能体验欢愉与痛苦还不为人知。但动物却体验着欢愉与痛苦。在 aisthèsis 的层面上还存在着 phantasia aisthètikè，即感官的想象、感觉的想象。最终，在动物那里，至少是在生命体系统中某些高级动物那里存在简单的记忆，即与 anamnèsis（回忆）对立的 mnèmè（记忆）。anamnèsis 只有人才有，因为它意味着回想、意识、为了记起某事而努力。mnèmè 是直接、自发的记忆。anamnèsis 是记起或回想某事的能力。动物，至少是最发达的动物因此便具有感觉、感官的想象、被动记忆，最终拥有欲求以及欲求的结果：行动。那么动物究竟和人相比缺少什么呢？它缺少理性思考的能力，即 to logistikon，逻辑能力。它还缺少自主选择的能力，即 bouleutikon，在考察行动的可能性之后所做出的决定，或者更确切地说所做出的自主选择，自主选择叫作 proairésis，意思是在逻辑上选择更好的事物的偏好。因此理性与自主选择是人类的特点，但人类在本性上与动物并没有严格意义上的差异。

在我刚刚展示的学说中最根本之处在于，它并不给出每个层面上的神话学和首要的道德概念，而是试图展示不同的生命功能如何在植物、动物和人身上表现出来。连续性的这个方面在从植物到动物的无感觉过渡的观念中表现得尤为明显。亚里士多德从海洋动物或海洋植物开始思考，并宣称我们可以称大树为"陆地的牡蛎"。牡蛎在海水中的发育方式与植物在陆地上的发育方式并无本质区别。实际上，牡蛎是固定不动的，它们的发育靠的是通过物质的增加而不断变大，它们通过不断添加所需物质使自己的壳变大，这些不断添加的部分可以在之后被发现，以至于我们观察牡蛎壳的增长时可以用类似于数一棵被锯断的树的年轮的方式。实际上，很多海洋动物通过壳的变大而增长，它们使壳变大的方式和一棵树通过增加不断生成的树干的年轮让它变粗的方式一样。正因为如此，在最低等级的意义上来说，我们不能确定最低等级到底是植物还是动物。因此，我们不能一味地忙着划分等级。也因此可以说，植物界与动物界中都存在躯干。今天的情况仍是如此。我们把那些既不能划分到动物当中，也不能划分到植物当中的生命体叫作单细胞生物。单细胞生物是动物与植物之间所有可能的区别还没有出现之前的生命体。

此外，类比或功能性类比（analogie fonctionnellle）的内涵已经走得很远了，正是通过功能性类比，亚里士多德才能够以很高的思想密度思考什么是本能。亚里士多德将蜜蜂筑巢保护蜂蜜和幼蜂的方式与植物长出树叶包围并保护果实的方式放在一起比较。动物的本能天赋，比如筑蜂巢和筑鸟巢，和有着清晰目的的植物的生长方式是类似的。通过截然不同的动作，例如蜜蜂筑巢并以某种方式在内部布置蜜饼的分支功能，动物建造了一个结构，这个结构类似于我们看到的通过以繁殖和再生为目的的植物生长所建立起来的结构。区别只不过是它们属于不同的操作模式。植物的模式与动物的模式各异，功能却同一，实际上不同的操作模式之间存在着功能的平行性（parallélisme fonctionnel）。最低级、未分化（les moins différenciés）的动物不具备高级动物被明确定义且被释放出来的功能，例如想象、预测以及这种 phantasia aisthètikè。phantasia aisthètikè 已经展现出某种经验，并且能够在与已体验过的情形类似的情况下使用经验。亚里士多德说，蚂蚁、蠕虫或蜜蜂并不具备 phantasia aisthètikè。蚂蚁、蠕虫、蜜蜂没有丝毫想象力，它们就像植物发育一样工作和建造。蚁群或蜂群筑巢，就像植物在发育过程中使枝叶生长一样。这里，本能就出现了。本能是某种建造的能力，就如同它是发育，是使植物生长的方式。如果将在动物那里的本能换到植物那里，它就变成了以这样或那样的方式发芽，以这样或那样的方式成长，长出哪种状态的叶子，这些叶子属于哪种叶的程式（formule foliaire），拥有哪种植物的特定形状，并且显示出这样或那样的特有的特征。因此，作为筑蜂巢或蚁穴的操作模式，本能与发育的结构对等。本能是特有的，它是特殊性的一部分，是动物，尤其是社会性动物的行为，与植物中经由特定路线定义的生长是对等的。

相反，那些最高级、不断分化的动物不仅具备

phantasia aisthètikè，还拥有某种习惯，因此动物有学习的能力，并且可以通过经验的累积，获得某种预测即将发生的事情，以及缓解可能事件中的诸多不利因素的能力，这是在模仿人的谨慎，即预测，prudentia，就是预见并让行为适应即将发生的事件。习惯对于动物来说是某种模仿人的谨慎的经验。模仿的意思是对应人的谨慎的功能相似物，但有着不同的操作模式。就如同植物的生长方式是在模仿蚂蚁和蜜蜂建筑巢穴的方式；同理，动物的习惯是在模仿人的谨慎。人的谨慎能够利用理性，能够利用bouleutikon、logistikon 与 proairésis，而动物却不能利用这三者。但无论如何，习惯在模仿这种谨慎，谨慎诉诸理性、自主选择以及对机会的估算。

因此，即便我们承认——根据亚里士多德所说，我们必须承认——理性是人的专属，是人特有的特征，却仍然存在着生命体不同构造等级之间、不同存在模式之间的连续性和功能对等性。亚里士多德的著作本质上是关于生物学和自然历史的著作：通过这一点，诸位便可了解亚里士多德究竟走得多远，他尤其发展了功能观念，从不同的生命行为中得出了功能观念，该观念能够通过平行性将在结构、存在模式上各不相同的存在联系在一起，从生命的角度看，这些存在最终被构建为一条相似功能的链条。通过亚里士多德的功能观念，关于生命体的一般性知识就变得可能了，从而，我们在分析人的时候，通过观察和内省（introspection）可以或多或少地发现精神功能，并将生命体中的功能对等物与精神功能对应起来。该学说的核心就是功能观念，它能够让功能对等的观念发挥作用，对等可以从植物到动物，再由动物到人，甚至可以从人到植物，因为重要的是功能，而不仅是种类。构造的等级可能会十分不同，但这并不重要；我们仍然可以将不同种类的功能现实对等起来。正是在这个意义上，亚里士多德的学说有生物科学的要素。之所以有生物科学的要素，是因为在亚里士多德那里有一个"伟大的猜想"，这个猜想叫作 theoria，即理论，也就是功能理论。根据这个理论，所有种类都以相同的方式活着。我们甚至可以说：所有种类都活着。而思想、理性思考，这些似乎只为某个种类所特有的特点实际上很可能就真的只为这个种类所有，因为其他种类没有这些特点，但通过某个种类特有的才能而实现的功能却不为这个种类所特有。每个种类都有特定的满足需求的方式。特殊性在于该种类拥有的某些能力是其他种类所没有的。然而，另一方面，我们使用这些能力的原因以及这些能力的作用并不是特有的：生命在所有地方都是一样的。对于牡蛎来说，对于树来说，对于动物或人来说，生命的需求都是一样的。例如，为了满足生长和再生的需求都是一致的，相应的功能就会对应这些需求。但这些功能的实现有着迥异的操作可能性。人通过 bouleutikon 或者 proairésis 抑或 logistikon 行事，足够高级的动物则通过习惯做事，或者当它不具备这些能力的时候，就只用筑蜂巢或建蚁穴的方式行动。它们可能不具备某些能力，但很有可能具备另外一些能力，功能一直存在。方法根据不同的种类而变，但功能一直存在。以上可能就是亚里士多德生命理论中最艰深也最基础的部分了，这个理论总结下来就是：存在着一个不变量（invariant），这个不变量就是生命；不变量就是生命功能；实现这些功能的方法随种类而变，但功能一直存在，生命就是一个不变量。诸位可以看到，在这个意义上，亚里士多德创造了一门科学。他就是生物学之父，他把心理学纳入生物学，因为心理功能就像理性思考、决定、自主选择一样，它们的作用都是完成生命中的活动，这些活动对生命功能而言有意义，并且可以与在植物和最简单、最低级的动物处发生的活动相比照。因此，精神功能就成了生命功能，而且可以同通过其他方法实现的其他生命功能比较。我们可以说，人在思考，在思考的同时，在使用理性能力的同时，在使用logistikon、bouleutikon、proairésis 的同时，人在行事，而植物的行动在某种程度上则是通过叶子的生长、种子的发芽而发生的。因此，在一个种类向另一个种类的过渡中存在着生命的连续性和生命的持续性。

斯多葛学派

上述发现能够在亚里士多德的学说中作为科学的基础，此后，在古希腊罗马的末期，斯多葛学派在某种意义上回到了亚里士多德之前的那些伦理学说，即柏拉图或苏格拉底的学说。实际上，斯多葛学派拒绝将智性赋予动物，并且发展了动物本能活动的理论。他们将自由、理性选择、理性、认识、智慧等人类功能与以本能行动的动物的特点对立起来。正是通过斯多葛学派，本能理论得到了最全面的发展。我们可以说他们是以伦理作为动机的本能观念的奠基者。他们想要证明，人是自然中的一个例外存在，自然万物都围绕人运转，因此我们说人是自然的王子，万物都向人汇聚，人是万物之王，因此人所具备的功能在其他生命体之中都看不到。诸位请注意，这个将本能与理性对立起来的（人与动物的）比较有双重含义：在某些斯多葛学派的学者那里，这个比较与一个道德主题混淆在一起了，有点过分轻易的夸大，这个主题就是"人是一株思考的芦苇"[1]。一切有关自然的事物，人都显得不及动物，自然是本能的合成，而一旦涉及理性，人就变得无可比拟。因此，如果你读到塞涅卡（Sénèque）[2]书中的一些段落，你就会在拉丁斯多葛主义中发现大量丰富的关于不同生命体的比较元素，这些比较在通过本性完美适应其功能的动物与一开始就不能适应的人之间进行。例如，塞涅卡说过，你可以在所有生命体中看到自然防御机制。有的拥有漂亮的皮毛御寒，有的一身鳞甲，有的全身硬刺，有的皮肤分泌黏液以防止被抓，有的则长出坚硬的壳。而人什么都没

---

1 此处西蒙东借助帕斯卡尔（Pascal）的比喻来指涉这个主题，帕斯卡尔在《思想录》（Pensées）中有如下的比喻："人只不过是一根苇草，是自然界最脆弱的东西；但他是一根能思想的芦苇。用不着整个宇宙都拿起武器来才能毁灭他；一口气、一滴水就足以致他死命了。然而，纵使宇宙毁灭了他，人却仍然要比致他于死命的东西高贵得多；因为他知道自己要死亡，以及宇宙对他所具有的优势，而宇宙对此却是一无所知。因而，我们全部的尊严就在于思想。正是由于它而不是由于我们所无法填充的空间和时间，我们才必须提高自己。因此，我们要努力好好地思想；这就是道德的原则。"参见：帕斯卡尔，《思想录：论宗教和其他主题的思想》，何兆武译，商务印书馆，1986，第157–158 页。——译注

2 塞涅卡，古罗马政治家、斯多葛学派哲学家，在自然哲学方面有很多著作。在《书信集：致卢基里乌斯》（Lettres à Lucilius）中，塞涅卡多次讨论了动物与人之间的关系，第 90 封书信尤其提到了动物与人的不同自然特征，西蒙东此处的描述多出自这封信。参见：塞涅卡，《书信集：致卢基里乌斯》（Lettres à Lucilius），约瑟夫·巴亚尔（Joseph Baillard）译，Paris: Hachette, 1914，第二卷，第 281–292 页。——译注

有。人出生之时就被抛（dejectus）于世，被放在大地之上，不能移动，而即便是雏鸟都会觅食，新生的昆虫都知晓去向何处才能展翅高飞。人什么都不会。因此，人没有受到自然的恩宠。他必须从头学起，并且需要依靠父母多年最终才能独立生存，才能提防那些威胁其生存的危险。但作为回报，人获得了理性，是所有动物中唯一能够直立行走并且抬头仰望天空的。这些辞藻在某种程度上有一些夸大的成分，却是为了这个观点服务的：自然与人之间存在着根本的分别。这个分别的本原似乎来自某些秘密宗教奥义和某些学说，从某种程度上来说，这些奥义和学说可能就是俄耳甫斯教义（orphiques）[1]和毕达哥拉斯学派，或者源自俄耳甫斯教和毕达哥拉斯学派，它们说出了人有独特的命运的观点：其他的创造物都属于世界，从属于本性，它们都受自身所限，而人拥有不同的本性，人会在另一个世界中找到其真正的命运。斯多葛学派可能是最早向往逃

---

[1]　俄耳甫斯教可上溯至公元前 5 世纪，尊奉冥后珀耳塞福涅，该教教义的主要内容就是赋予人类灵魂以神圣与不朽性，信奉灵魂转世。据传，毕达哥拉斯学派与俄耳甫斯教的渊源颇深，前者借鉴了该教的神秘学说。——译注

离世界的学派，这个广阔的向往最终在古希腊罗马时期的末期显现出来；总之，他们的观点就是自然不能满足人，已定的天性不能满足人，人的秩序是不同的。他们是本能观念的奠基者，想要说明动物的行动原则与人的行动原则有着最基本的区别。而这一切的终点是伦理。

第一讲结语

作为总结，我们将区分古希腊罗马时期的各学说：首先是前柏拉图或柏拉图学说，它们的类型主要被归结为伦理类型；接着是与亚里士多德相关或从亚里士多德处发展出来的学说（例如泰奥弗拉斯托斯［Théophraste］[1] 对其的发展），它们首先是功能相关性的学说，相关性体现在主要的精神活动与其他不同的活动之间，后者存在于动物甚至植物中，在某种程度上符合精神功能的自然主义理

---

1 泰奥弗拉斯托斯，公元前 4 世纪的古希腊哲学家，接替亚里士多德领导"逍遥学派"。其作品《植物志》与《植物之生成》是植物学的奠基之作，深刻影响了现代植物学的发展。——译注

论；最终是第三点，斯多葛学派向伦理学说的返回，主要通过由机械论构成的本能观念实现。动物根据本能行动。动物之所以与人做相似的事情，只是因为本能，而人是因为理性。因此，人的本性与动物和植物的本性不尽相同。

第二讲

问题与挑战

我们结束上一次研究的时候说过，在古希腊罗马时期的末期，斯多葛学派拒绝赋予动物以智性，并发展了本能活动的理论，即就结果来看类似于智性，却以完全不同于智性的内部运行为基础的活动理论。特别是动物至少不像人那样与宇宙之火和创造之火（pûr technikon）联系在一起，这个创造之火割裂万物，也令万物汇集，并赋予万物以意义。然而，古希腊罗马时期仍然构建和凝聚了一组对立关系：那些根本上为自然主义和生理学的理论和那些与之相反倾向于将人看作与宇宙分离的存在的理论。然而，尽管存在着人的理性与自然行为，尤其是与以物质作为存在形式的生命的行为之间的对立，但我们在古希腊罗马时期最常看到的是从动物的现实向人的现实渐变的观念，或通过上升的渐变，就像我们在爱奥尼亚学派（ioniens）的生理学家那里看到的那样，或通过退化，就像我们在柏拉图学说中看到的那样。然而，无论是渐变抑或退化，也无论我们最初假定的人的现实与动物的现实之间的距离有多远，甚至即便我们在极端情况下将人的现实与动物的现实对立起来，我们仍然会通过一个渐进的分级指出某种可能的连续性。无论是从人到动物的退化，也无论是最普通的动物，例如大海中、潮湿处出生的鱼，通过一系列上升逐渐过渡到人的渐变，这都意味着，不管动物的现实与人的现实之间的距离有多远，从根本上来说，动物与人身上存在着具有相同性质的行为、功能、姿态与精神内容。这个有节奏的连续性，这个功能的对等，我们在亚里士多德的学说中看到了，它们以最清晰、最合理、最详细、最终也最接近一个真正的科学理论的方式显现了出来。围绕着亚里士多德的学说，古希腊罗马时期留下了一个关于人的现实与动物的现实之间的关系的看法，这个看法是智性的、丰富的、非系统性（non systématique）的——至少最初就是非系统性的、非二分法的，这是从它的结果或原则来看的，因此，它使得一类自然现实与另一类自然现实之间有了对照和比较，也有了某种等级划分，但是这种等级划分并不以标准的对立作为确切的目的。因此，从古希腊罗马时期的学说中得出的结论是，在人身上发生的与在动物身上发生的具有相似之处。相似（comparable），不是同一（identique）而是相似：这就是说我们可以通过同样的精神范畴、相同的调整的概念、相同的模式深入研究和厘清人的生命与动物的生命，而这一切都在一个关于存在、与世界的关系、灵魂转世、再生（palingenesis）或不同存在之间的渐变与退化的总体学说的内部进行。

相反，就像我们今天所试图研究的那样，自基督教以来，特别是在笛卡尔主义内部，精神活动学说的介入构成了一个两分法上的对立，这个对立确认了两种不同性质的存在，而不仅仅是两个不同等级的存在，一方面是缺少理性，甚至是缺少意识的动物的现实，总之动物缺少内在性（intériorité）；另一方面是能够自我意识，拥有精神感知（sentiment moral），能够意识到自身行为与其价值的人的现实。在这个意义上，我们应该指出，这一点十分重要，即那些最具系统性的学说不像我们说的那样是古希腊罗马时期的学说，正相反，它们首先是一些教父的学说，这些学说以十分温和的方式反映在圣托马斯的学说中，圣托马斯在某些方面回到了亚里士多德学说中，因此他是中世纪最温和的作者之一。更重要的是，它们最终是笛卡尔主义的学说，是完全系统的、彻底的两分法学说。

我们首先看看最初的学说，即那些伦理学说、受到宗教与伦理启发的形而上学学说，接着看看与动物生命观念相关的笛卡尔主义体系，该体系详细地将动物生命与人的生命对立起来。我会说笛卡尔这一类型的学说中的极端的、不合乎寻常的、骇人的特点引起了一场思想运动，这场思想运动最终可能会对发现一个关于本能和动物行为的科学理论十分有益，同时，最终通过因好奇而向事物本身的回归，对当代关于人的本能理论十分有益。也就是说，最终在动物生命与人的生命的研究与比较当中形成了某种辩证法运动：最初，我们在古希腊罗马人那里看到从动物生命与人的生命的主要方面出发的某种现象学目的（une espèce de visée phénoménologique），这种目的虽然为人与动物的生命划分等级，但却没有确立严格的对立关系，也没有偏见。然后我们看到了二元论的诞生，它将动物当作人的某种陪衬，将动物看作非人，看作某种理性存在，即动物首先是非人的虚构的存在，是人所不是的生命体或虚假生命体，是某种被完美构建的人的现实的翻底片（contretype）[1]。最终，通过事物的某种回返——这在理论面对经验考验时经常会发生——发展起来的动物观念就会被普及化（généralisée）和普遍化（universalisée），直

---

1 摄影用语，指通过接触印相而获得的照片负片或正片的副本。——译注

到它能够思考动物行为本身，这是动物与人、动物生命与人的生命关系问题的第三个发展阶段的最大特点。这个所谓的第三个发展阶段就是 19、20 世纪，该时期拒斥笛卡尔主义（cartésianisme），但这并不是说动物是理性的存在并且拥有内在性和情感性，或者总是有意识并因此拥有灵魂的存在——这只会是对笛卡尔主义的颠覆。而该阶段是以完全意想不到的独特方式对笛卡尔主义的颠覆，也就是说，人们在动物性观念中加入现实内容，此现实内容可以描述人的特征。也就是说，人的现实通过动物的普遍化被包含在内。此处，科学理论的发展真正是辩证法类型的发展。从亚里士多德到笛卡尔，从笛卡尔到本能观念的当代理论以及本能观念的生物学理论，其间确实存在着某种命题（thèse）、反命题（antithèse）与合题（synthèse）的关系，笛卡尔主义构成了古希腊罗马时期理论的反命题，该理论认为人的现实与动物的现实之间有连续性，而笛卡尔证明两者之间并不存在连续性。最终，当代命题重新证明了这种连续性，并且不单单是通过对笛卡尔主义的颠覆实现的，而是认为动物的真实与人的真实是一样的。而古希腊罗马时期的人试图表达的是：人的真实在某种程度上是动物的真实，并特别强调这个程度指的是高级动物（这是柏拉图的退化理论）。随后，笛卡尔主义宣称：人的真实在任何意义上都不是动物的真实，动物是广延物（res extensa）的一部分，而人是思考主体（res cogitans）的一部分，被思考主体所定义。最终，当代命题认为，我们在动物的现实的本能生命、成熟过程、行为发展中发现的东西能够让我们在某种程度上思考人的现实，甚至社会生活，它们部分地存在于动物群体之中，并使得我们去思考关系的不同类型，比如人类的优劣性关系。我们在这里重述的是一种辩证法运动。

护教士

因此，我们首先看看最早试图给人的现实与动物的现实之间相对二元的关系下定义的作者。那是在古希腊罗马时期，或者更确切地说在古典世界结束之后，这一时期开

启了行动理论，该理论认为行动先于知识。在许多护教士
那里，例如塔提安、亚挪比乌、拉克坦提乌斯[1]，我们可
以看到一种十分强烈的伦理二元论的态度，其目的并非
从严格意义上将人与动物对立起来，而是将基督徒和由
非基督徒以及动物组成的整体对立起来。为了使理性这
个大为古希腊罗马人所赞颂的特性蒙羞，护教士称，只
有基督徒与动物不同，其他人都与动物毫无区别。大家
可以看到融于该学说中的伦理现实负担是多么重。但大
家不要因此而感到震惊，众所周知，最早的大公会议[2]之
一认为，女性没有灵魂，其原因可能与此处护教士的原

---

[1] 塔提安（Tatien），基督教护教士，后来成为诺斯底教派的护教士，生于亚述，出生
年份在公元110到120年之间，撰有《致希腊人论》（Discours aux Grecs）一书。亚挪比
乌（Arnobe），拉丁语作家，生于非洲，是戴里克先（Dioclétien）的同代人，卒于公元
327年。他在努米底亚（Numidie）教授修辞学，拉克坦提乌斯（Lactance）是他的学生。
后来他皈依基督教。拉克坦提乌斯，基督教护教士，约卒于公元325年。他在非洲接
受了教育。他提到了德尔图良（Tertullien）和居普良（Cyprien）。——原注
[2] 此处应指公元585年举行的马康大公会议（Concile de Mâcon）。传说称，此次会议
首次就女性是否有灵魂进行了辩论，但学者普遍认为该辩论系误传，并说明基督教从
未否认过女性具有灵魂。关于此次大公会议的辩论传说，请参见：图尔教会主教格雷
戈里（Grégoire de Tours），《法兰克人史》（Histoire des Francs），罗伯特·拉图什（Robert
Latouche）译，Paris: Les Belles Lettres，1965，第二卷，第150页。商务印书馆于1998
年出版此书中文版。——译注

因相似：请不要将这些看法当作一个恶意的笑话。当我们尝试考察自身的内在性时，我们通常倾向于认为自身拥有灵魂，拥有自我思考的能力（我思故我在）。然而当我们从外部考察他人时，我们则慢慢将他们逼迫到自然之中。蛮族，或两性异型，那些在某种程度上与我们自身拥有的内在经验区分的存在，我们则假定他们只是自然的产物。这是因为灵魂的观念与内在性的体验、意识的体验、意识的活动直接相连。一旦存在伦理的、文化的、性别的或任何其他类别的差异，便会形成足够的障碍以阻止灵魂的赋予，因为他者不能够体验到类似于主体自身体验到的能动的内在性。

圣奥古斯丁

相反，与古希腊罗马文化联系紧密的圣奥古斯丁在动物身上看到一个有感觉能力的灵魂。他认为动物有需求，它们会感到痛苦，他知道它们会与痛苦做斗争，他知道动物会为了保持机体的完整性而抗争。借助从观察得出的明证，圣奥古斯丁进一步认为，动物有记忆，它们会想象也会做梦。例如，卢克莱修（Lucrèce）[1]曾记录狗会做梦。我们会看到一只熟睡的狗忽然想象它正在尝试捕捉猎物，如果是一只猎犬，它还会叫出来，并突然试着做出把猎物咬住的动作，嘴巴一张一合，发出清脆的叫声，就好像它已经抓住了猎物。总之，这是借助明显的姿态表露出来的狗的梦境。尽管如此，圣奥古斯丁认为，在动物那里，一切都出自本能，动物不同的技能（industries）与技巧（habiletés）都被解释为感觉、想象与记忆，并没有灵魂的介入，至少没有理性灵魂，也就是说没有类似人类灵魂之物介入，因为人类灵魂是具有道德观念与理性活动的。

圣托马斯

经院哲学家们（scolastiques）因同样受到古希腊罗马时代，特别是以亚里士多德学说为代表的古希腊罗马时代

---

1 卢克莱修，罗马共和国末期诗人、哲学家，以《物性论》(*De Rerum Natura*)闻名于世，提出了物质永恒存在的唯物主义观点。西蒙东引述的内容便出自《物性论》一书。——译注

的回忆的启发，拒绝赋予动物以理性思考能力。但因为圣托马斯的缘故，他们认识到，甚至明确表达了如下事实：动物有意愿，有为之付出的遥远目的，并且动物可以感知这些目的，甚至有意识地感知。因此，衔泥筑巢的燕子并非因为乐趣而积累巢泥，它积累巢泥是因为有筑巢的需要，是因为有意愿（也就是说有内在承受的目的性［finalité］），有筑巢的意愿。意愿就是完全字面意义上的"朝向"（tendu vers）的行为，是指向达成某个目的的活动。因此，燕子有意愿筑巢，这是它所做的活动的遥远目的，我们不应该因为巢泥令它开心而说它是为了乐趣行动。根据圣托马斯的观点，这个遥远目的是通过预估（aestimatio）被感知的，也就是说通过一种相对质化（qualitative）的印象，而不是自省或理性的印象，然而它最终只是一种表象。这并非具有绝对逻辑、完全具有概括性且结构严谨的表象，而仅仅是一种表象。人拥有一种逻辑与理性思考的能力，该能力使人能够清晰且有组织地设想各种目的，人的组织性要比能够使燕子拥有筑巢的预估的组织性强得多。尽管如此，我们不能忽视这种目的性，也就是动物行为的目的性，因为对于圣托马斯来说，这种动物身上的目的性与某种表象相对应。这里，我们可以看到圣托马斯是如何利用中世纪的概念论重新回到了并在某种程度上发展了亚里士多德的学说（即目的论学说，以及将动物不同活动分成等级的学说）。然而，如果在某种对二元论的热情之外——这种热情尤其显露在护教士那里（他们使动物成了神话，也就是动物不是有信仰的存在，不是以直接的方式认识上帝的创造物），中世纪的作者仍然保留了某种程度的（可以说是现象学的和科学的）节制，那么，除此之外，他们在最初阶段仍然保留着古希腊罗马的记忆。

乔尔达诺·布鲁诺

另一方面，随着文艺复兴时期的到来，人们对于动物的心理（psychisme animal）与人的心理之间关系的重新探索呈现出勃勃生机，我们甚至可以说，文艺复兴时期对动物的心理的颂扬是一次对护教士提倡的二元论的复仇，

是将其置于人的心理之上的举动，并借此宣称动物对我们
有教诲作用。就这一点而言，某种理论、动物身上的某个
令人着迷的方面让动物成了一个神话：因此动物就是自
然，是教导人、予人教诲的 phusis[1]，这些教诲或是关于
纯粹，或是关于奉献，或是关于灵巧，或是关于为了发现
目标而展露出的适当的智慧。文艺复兴时期的转变在乔尔
达诺·布鲁诺那里展现了出来，这一转变伴随着某种启示
（inspiration），这种启示与引导古代柏拉图学派走向宇
宙（cosmos）的冲动十分接近。乔尔达诺·布鲁诺于 1600
年被判处火刑，他是文艺复兴时期最有影响力的哲学家之
一。他是拥有最广阔思想的形而上学者，是讨论普遍问题
与他本人学说所涉问题的最富活力的科学家。他最终提出
了自己的学说，该学说认为，存在无数不同的有生命的世
界与其他有居住痕迹的星球，除了地球，其他行星上也有
居住痕迹，生命在那里繁衍生息。根据他的学说，活动，

1　这个词一般译作"自然"，但在古希腊哲学中，其内涵十分广泛，不仅指代自然、
物体的总和，还可以指代所有存在与发生之物（例如事件）的总和。20世纪，海德格尔
曾对此概念做过全新的阐释。——译注

即生命，不单是我们已知的有等级的个体之现象，它同样也是天体的现象（存在着有生命的天体），它能够存在于那些我们认为没有生命迹象的元素之中。石头也以其独特的方式感知并体验某些情感。生命和意识并非仅仅以人的形式出现的现象，生命和意识始于宇宙。乔尔达诺·布鲁诺的理论是一种延及宇宙的理论（théorie cosmique）。在这个意义上，动物自然就被认作宇宙力量的占有者，且因此不能受到轻蔑，动物不能被当作低级的存在或是对人的滑稽模仿。正是因为某种意义上的传统相似性，我们可以联系到在意大利发展起来的某些思想运动。例如，我们可以想起亚西西的圣方济各以及他考察动物的现实的方式。

亚西西的圣方济各

对于亚西西的圣方济各而言，动物的现实全然不是卑劣粗鄙的，而是万物秩序的一部分。动物以它们的方式认识造物主的荣光以及创世的和谐，并且在一定程度上用它们自己的方式崇敬上帝。这便是为何我们一旦达到足够程度的纯洁、道德的纯洁以及自我的简化，就有可能直接被动物领会的原因。人与动物的交流变得不可能，只会是因为人的罪恶，以及意识的某种复杂化、习性的某种粗鄙与笨拙；但在很大程度上涤除心灵罪恶之人、受到足够启示之人、意识到宇宙（Univers）与创世（Création）之人、爱上帝之人能够被动物领会。诸位都知道动物们曾经聚集在一起聆听亚西西的圣方济各的教诲的故事。故事还远未结束，据当时流传的一些传奇故事，动物似乎被赋予了某种可能的神圣性（sainteté）。在伦理与宗教思想中发展起来的神圣性观念不仅仅为人类所有，也可能存在着某种动物的神圣性。这类思想与文艺复兴时期的一些概念十分相符。文艺复兴时期，人们发现了人与物、人与宇宙之间的关系。人们不再傲慢地将人的现实看作上帝的特殊作品，不再认为万物的秩序都以人为终极目的并且绝对服从于人，人与动物之间的关系更确切地说是在美学的秩序之下被思考的。创世整体是和谐的，人的地位与动物和植物的地位是互补的。万物是一个整体。在某种程度上，文艺复兴时期发展起来的正是这个伟大的存在（Grand Être）的观念，一种泛神论（panthéisme）[1]。对于基督教作者而言，这自然不是泛神论，它变成了由上帝创世而来的宇宙和谐论；然而，对于泛神论或自然主义作者而言，这的确是古代泛神论的一次复兴。

蒙田

这些文艺复兴学说的反响体现在那些为笛卡尔思想做了直接铺垫的作家之中，然而此类铺垫从未以任何方式承认人与动物的二元论。例如蒙田的情况便是如此，与其说蒙田体现了笛卡尔主义的精神状态，不如说他呈现了文艺复兴的精神状态。他是彻底的一元论者（moniste），于他而言，动物身上的精神能力与人相同。蒙田认为动物和人一样进行判断、比较、推理与行动。动物和人一样，甚

---

[1] 泛神论，将自然与神等同起来的哲学观点，认为神存在于自然之中。这种观点自 16 世纪开始盛行，布鲁诺、斯宾诺莎等都是泛神论的代表人物。——译注

至比人更好。众所周知，蒙田的思想是变化多样的，想要准确地把握人们所谓的体系十分困难。但领会他的意图要比把握他的体系容易许多。他的意图十分明确：像护教士一样，他意图打压能够生产系统的纯粹理性，然而，除了理性之外，他还想打压人的傲慢，人们因拥有过于系统化的理论而感到骄傲，这正是人们烧死一个人的原因，正是宗教战争的原因，正是人类那些最残酷、最具毁灭性的冲突的原因。因此，必须将人重新纳入创世的秩序之中，使人在某种程度上将自己看作与动物十分相近的亲族，因为动物以一种规律的方式，一种更加直接地与自然进程联系在一起的方式生存。这便是为何蒙田提到的康迪山羊（les chèvres de Candie）[1]，当它们被投射武器（箭）所伤，便会受到自然的指引并凭着对自然的掌握，去寻找白鲜草，吃下这种草便会被治愈。我们会说山羊只是根据本性行动，而我们生病时却根据理性选择适当的药物，为了防止这种

---

[1]　蒙田对康迪山羊的讨论，参见：米歇尔·德·蒙田，《蒙田随笔全集》(第二卷)，马振骋译，上海书店出版社，2009，第121页。——译注

傲慢，我们更应该有的态度是，动物本性就是一位"良师"，这是一种礼遇。

然而，诸位请看，这里出现了一次意义的转变。这在蒙田的理论中十分重要（这里取自《雷蒙·德·塞邦赞》[1]）。这里提到的学说经受了一次意义的转变，就像诸位所看到的那样，原因是蒙田完美地识别了人类在摸索中通过对理性相对精巧的运用所获得之物，这种运用可以是对经验结果的归纳，可以是遭受的教训，从来都不是完全直接的运用，而康迪的山羊一旦被抽打，就会吃名为白鲜草的植物。显然，这里有两种行为，两种不同类别的行为，蒙田对此十分清楚，因为他认为动物十分幸运，很荣幸地拥有一位"良师"，就是本性。也就是说动物的行动所依据的行为准则有别于人的行为，人的行为是理性的，但也只是诸多行为中的一种。蒙田向我们说明的是，动物比人更高级，因为它们甚至不需要了解应该选择哪种

1　蒙田，《随笔集》(*Essais*)，第二卷，第十二章。——原注

药物，就完全知道该吃哪种药物，它们有一位"良师"，
且不会犯错。

这便为二元对立（dualisme）的到来敞开了大门：颂
扬动物，说明人不必要因自身的人性（humanité）而扬扬
得意，因为归根结底，人并不比动物高级，甚至与之截然
相反，因为人会犯错，所以才不得不依靠理性，而动物完
全不需要这种理性，这便显示出它们的优越性，动物更直
接地与自然联系在一起。因为当我们说这些的时候，我们
便以隐含的方式承认：理性进程（processus rationnel），
实际上就是学习的进程，区别于动物的本性驱动或本能的
进程，后者更加直接，是一种更加直接的行为。实际上，
正是从这个对立出发，才有了以下两者的截然二分，即文
艺复兴时期的自然主义与一元论的影响和与之相反的笛卡
尔哲学体系，这个体系是二元化的体系，比古希腊罗马时
期以来的所有二元论都更加主张二元论，可能比那些宣称
基督徒完全不同于动物和其他人的护教士——比如塔提

安、亚挪比乌和拉克坦提乌斯——还要更加主张二元论。

笛卡尔

实际上，对于笛卡尔来说，动物既无智性亦无本能。它是一台机器、一种自动之物。我们到目前为止用本能（即一种智性的精神相似物，不过是一种更密集、更具体、更无意识、更包容的相似物）来解释的，得到了机械论（automatisme）的解释。但请注意，它不是能够成为本能机械论的精神机械论（automatisme psychique），而是一种物理机械论（automatisme physique）。笛卡尔学说是一种物理机械论，意即存在的、身体的、态度的（attitudes）、运动的机械论，既无灵魂亦无本能。诸位要明白，在蒙田的学说中，本能并非理性，而是精神。它是精神范畴的现实。对于斯多葛学派来说亦如此。笛卡尔是第一位说出动物行为并非本能行为的人。它的行为并非本能行为，而是机械行为。这两者全然不同，因为我们显然能够消除某种混淆：人们会说本能行为的特点（我们接下来会讲到这是错误的）便是机械论。人们经常这样说，自斯多葛学派起便这样说。但人们所说的是一种精神机械论，比如人们投入一项十分紧凑的学习，通过这类用心熟记的学习，人们能够在不思考并且做其他事情的同时展示一系列数字、词语或一个文本，这时人们获得的或认为自己获得的机械论便与其类似。这些从类似于一种最初刺激的启动进程出发的活动——例如背诵一篇文本需要从头开始，以便全文复述，一旦被组织起来，就构成了一个人们称作精神类型的机械论。但这样的机械论全然不是笛卡尔所谓的机械论。他所描述的机械论远非智性的类似物，亦非获得及习得的惯性的类似物，而是一种物质的、广延物（res extensa）的机械论，也就是一种类似于一台根据其各个部分的形状而运转的机器的某物。蜘蛛结网时，完全像一台织机一样运动。鼹鼠掘洞、挖通地道并堆土筑窝时，就像挖掘铲一样行动，也就是说像一种为了以此方式铲土而做成的工具那样行动。动物拥有适应某类行动的形态，这类行动通常很有限。在符合其身体形态的具体操作之外，动物则显得十分笨拙，它们没有能力解决一个真正的问题。这并不是说这些动物本领的奇观证明了动物的优越性，我们提及这些奇观是为了展示动物的优势，若将本能看作精神性之物，这些奇观则是动物及本能的反面证明。本能并不存在，只有身体的机械论。

笛卡尔说，"虽然有许多动物在它们的某些活动上表现得比我们灵巧，可是我们看到，尽管如此，这些动物在许多别的事情上却并不灵巧，它们做得比我们好并不证明它们有心思，因为它们假如有就会比我们任何人都强，就会在一切其他事情上做得很好，可是它们并没有心思，是它们身上器官装配的本性起的作用"[1]，本性意即它们身体的构造。它们通过姿势与动作行动。同样地，铁锹除了铲土，其他事情都做不到，织机也只能织布，因此，蜘蛛除了结网，不能做任何其他事情，鼹鼠只能掘洞并堆土筑窝。动物根据身体的构造完美地找到合适它身体的机能，

---

[1] 笛卡尔（Descartes），《谈谈方法》（*Discours de la méthode*），第五部分。——原注（译按：中译参考王太庆翻译的笛卡尔《谈谈方法》[商务印书馆]，译文有所改动。）

在身体的机能之外，它什么都做不了。当然，笛卡尔说，人的精神不能够看透动物的心，以便知晓里面究竟发生了什么（《致莫鲁斯》[1]）。但笛卡尔最终承认，思想被局限在我们对它的感觉之中，因此思想是意识，他还承认了这一点："无神论的错误我在上面大概已经驳斥得差不多了，可是此外还有一种错误，最能使不坚定的人离开道德正路，就是以为禽兽的灵魂跟我们的灵魂本性相同。"[2] 这也就是说，人的灵魂是思考主体（res cogitans），动物的现实完完全全是广延物（res extensa），没有意识，没有内在性。实际上，诸位会注意到，笛卡尔区分人的现实与动物的现实所依据的标准如下：人的现实区别于动物的现实，是因为动物可以很好地完成某件事，就像一个工具，除此之外，别无他长。它不具备适应性。而人类能够将所面临的困难以问题的形式呈现出来，然后逐步解决，等等。总之，这是根据笛卡尔的方法得出的结论。这就使得人完

---

1 笛卡尔，《致莫鲁斯》，1649 年 2 月 5 日。——原注

2 笛卡尔，《谈谈方法》，第五部分。——原注（译按：中译参考王太庆翻译的笛卡尔《谈谈方法》，译文有所改动。）

全不能通过姿势与动作去适应外界（人不具备鼹鼠的身体构造，或像蜘蛛一样吐丝，或长着像蜘蛛一样的钩爪）；然而，通过理性，通过精神，通过笛卡尔所谓的"拥有精神"（avoir de l'esprit）、拥有灵魂、拥有理性能力，通过拥有精神的事实，人可以战胜所有困难，并且力图经受住考验，这一切都是借助逐步累积、解决问题的方法（提出问题，然后解决问题）实现的。因此，笛卡尔否定了动物的意识，特别是否定了动物获得理性、智性学习、灵巧解决问题的能力。他由此创立了动物行为的机械论，而摒弃了本能的观念。

马勒伯朗士

在那些采纳笛卡尔学说的人当中，马勒伯朗士是最坚定的支持者之一。他有一个出色的论据，该论据称，动物当然不能拥有灵魂，亦不会感到痛苦。他写道："动物进食时没有愉悦，叫喊时没有苦痛，生长时亦不知所以。它们没有欲望，无所畏惧，一无所知。如若它们以某种显示出智性的方式行动，那是上帝为了保留它们才如此的，上帝如此设计它们的身体，以便它们机械地（machinalement）、无畏地避免一切能够摧毁它们的东西。"[1]上文摘自《关于真理的研究》。他还提出了一个神学性质的论据，这个论据十分动人：动物不会感到痛苦，因为痛苦是原罪的后果，然而，动物却从未偷食禁果，因此，动物不会感到痛苦，痛苦会是对它们的不公，因为它们并未犯下罪行。只有人类才会感到痛苦。这就是为什么我们把狗剖开，挂在谷仓的门梁上，看着它们流血，这也是皇港修道院（Port-Royal）的先生们想看到的结果，他们批准对动物进行活体解剖，因为动物不会感到痛苦。[2]

1　马勒伯朗士（Malebranche），《关于真理的研究》（ De la recherche de la vérité [Pléiade] ），第六卷，第二部分，第七章，第467页。——原注

2　皇港修道院（Abbaye de Port-Royal des Champs），位于巴黎西南郊区，始建于1204年，1709年路易十四下令驱逐修道院教士，1712年这里几乎被夷为平地。该修道院在17世纪成为冉森教派（Jansénisme）的聚集地，拉辛与帕斯卡尔都曾加入其中。17世纪下半叶，随着笛卡尔著作（尤其是《第一哲学沉思集》）的影响越来越大，修道院内部也逐渐接受了笛卡尔的机械论学说。在这一背景下，修道院开始对动物进行活体解剖实验，以观察动物的血液循环。尼古拉·封丹（Nicolas Fontaine）在《回忆录：为皇港修道院历史而作》（ Mémoires pour servir à l'histoire de Port-Royal ）中对这些实验现象的出现进行了叙述。——译注

博须埃

在全力反对笛卡尔主义的作者中,博须埃也位列其中,他试图在笛卡尔与圣托马斯之间找到某种平衡。我们不应低估博须埃就这一点所做的深入思考。博须埃走得很远,表现出敏锐的洞察力,在其研究中始终平衡着不同的观点。他曾说过:我们都是动物,人也是动物。我们都有相关的经验,一方面是动物在我们身上作用的经验,另一方面是理性与思考作用的经验。最丰富、最完整的存在是人,但人是动物。在某种程度上,我们可以获得作为动物的经验。我们在很多情况下都是全凭经验的,在这个意义上我们都是动物。如果在更加内在的意义上讲,我们则不可能证实什么是作为动物的经验。以上就是博须埃大概的想法。

此外,他认为真正的问题并不是提出动物是否拥有行为的连贯性、恰当性与理性的问题,因为根据博须埃的观点,拥有行为的连贯性、恰当性与理性的事实在某种程度上类似于一个生命体的不同器官相互配合的安排。对此,他特别举了一个有趣的例子，他说：在石榴籽的相互配合中存在有序的排列。[1]大家都知道石榴籽是如何在某种程度上一个个连接咬合在一起的。它们紧贴在一起，局部变形，以至于两颗石榴籽之间没有任何缝隙。严格意义上讲它们并不规则，但一个个却如此完美地交错、紧贴在一起，完全没有空隙，因此如果我们不想将它们压烂，就要一个个取出。在石榴籽的相互配合中存在有序的排列，存在解剖学类型的构造（une organisation de type anatomique）。

植物的这种解剖学构造与在动物按照先后顺序行动的行为中所谓的本能构造是相同的。这就是结构的观念。解剖学结构的观念不断向行为结构的观念延伸。因此，真正的问题不是要了解是否存在一个结构，即动物行为中的连贯性、理性与连接性的结构，而是要了解通过连贯性和构造显现出来的理性存在于每一个动物身上，还是存在于它

1　博须埃（Bossuet），《自由意志论》（Traité du libre-arbitre），第五章，"论人与动物差异"（De la différence entre l'homme et la bête）。——原注

们的创造者身上。人们提出的问题在这里就变成了创世的问题。动物这个物种身上是否包含某种特殊之物，使不同的个体以特定的方式行动？狗或猫或松鼠的方式都不尽相同，就像石榴籽一样，石榴籽一个个交错在一起，是因为石榴就是如此，它以这种方式生长，它的种类就规定了这种解剖学的构造。或者，是否真的在每一个动物身上有什么东西在积极地建立不同行动间的连贯性、理性与连接性的构造原则？换句话说，这是一种特殊的活动还是个体的活动呢？理性的支撑为何物？如果造物主赋予动物理性、构造，等等，那么动物的构造便与石榴籽的构造完全类似，显然是特殊的；但如果它是个体的，就和人类十分相似了，人类自身作为个体、作为个人，是其自身行为与行为相关性的构造的拥有者。以上便是对博须埃如何提出问题的论述。另外说一句，他并未完全解决这个问题。但是他展现出了对所谓的行为结构的清晰意识，特别是对行为结构与生命体的解剖生理学构造的结构之间的相关性的清晰意识。此外，我们在亚里士多德的思想中已经可以部分地看到此类想法了。

拉封丹

虽然处在 17 世纪这种思想的统治下，但仍有一位作者捍卫了被系统思想嘲笑的动物界，并且借助了当时不容置辩的哲学趋势以及肯定性知识（savoir positif）的要素，这些要素可以被认为是动物行为学（étude éthologique）研究，即动物习性、行为研究的起点，这位作者就是拉封丹。他是第一人，但绝非最后一位，甚至并非 17 世纪的最后一位，因为正是自 17 世纪起，动物行为理论便逐渐从哲学理论中摆脱出来，并成为一门经验科学，一个经验领域。我已同诸位说过，在拉封丹寓言中，尤其是在《献给德·拉·萨布里埃尔夫人》（Discours à madame de la Sablière）中，我们可以找到相关证明和探讨。以下是一段引文："伊里斯，您现在明白了，从科学的角度来看，动物思考之时，并不会考虑到思考之物，亦并不会考虑到思考本身。"这也就是说，我们承认动物不具备自省意识、反省能力，而这种能力在某种程度上就像在我思（cogito）中一样，是通过活动本身掌握活动的。但这并不是将智性、理性思考、估算与预测能力排除在外。我们看看这篇给德·拉·萨布里埃尔夫人的献词，这篇献词十分重要（还有给德·蒙特斯庞夫人［madame de Montespan］的诗体献词［épître］，我们可以与前者对照来看）。这个片段读起来有些让人厌倦，但它力图摆脱笛卡尔主义的影响，因为笛卡尔主义在讨论所有生命现象时都显得不充分。

众所周知，从整体来看，拉封丹看待寓言体裁的方式取自古希腊罗马时期，正因为如此，我们不能把这种方式当作拉封丹研究现实时采用的方式的直接表达。寓言是一类文学体裁，但如果把寓言放在诗体献词和其他献词中，它便能更好地阐述拉封丹的学说，我们可以称这种方式为论述。

在第九卷的结尾，在说完一些当时流行的奉承话之后，以下的内容便是拉封丹的阐述。他说（第24–178行）：

基于这种识见，

我要通过这些寓言，

再掺杂进来，

一种哲学的论断，

见解既微妙，

又生动而大胆；

您不会觉得

拙劣而不值一看。

（这是笛卡尔的哲学）

人称新哲学，

你是否已经听说？

新哲学断言，

动物是一种机械，

动物靠原动力，

一切举动都无法选择；

单纯一副躯体，

没有灵魂，也没感觉。

完全像钟表，

行走始终均匀协调，

行动纯属盲目，

并没有既定的目标。

（他并未考虑到走快了的表）

打开来看看，

分辨里面的机关：

有许多齿轮，

体现世界的整体概念。

第一个齿轮，

带动第二个旋转，

第三个随从，

最终便按时打点。

据这些人说，

动物跟钟表一样：

外界要触动，

而受触动的地方，

就自动运行，

（这是神经感应传导的理论）

信息就连续相传，
也就是瞬间
信息传到了感官，
于是有了反映，
可又是如何传感？
根据他们的观点，
这也是势在必然，
没有什么激情，
也没有意志来掌管。
动物感觉到，
接收了种种冲动，
俗称忧伤、爱情，
欢乐、难忍和苦痛，
或者其他什么，
诸如此类的感觉；
但绝非如此，
千万不要受迷惑！
一个动物，
那么究竟是什么？

就是一挂钟表。
我们呢？是别的东西：

哲学家笛卡尔，
就以这种方式论述。
笛卡尔这个人，
被不信神者奉为神；
他所处的地位，
在人和神灵之间，
也就相当于，
在牡蛎和人之间，
当成这样的人物，
就当成十足的笨蛋。
依我之见，
作者应是这样判断：
在所有生灵，
造物主的孩子中间，
我有思的天赋，
知道自己在思在想。

而您，伊里斯，

肯定了解这种情况：

动物即便思想，

跟我也绝不一样

［……］

且说在树林，

号角声阵阵，

猎犬的吠声，

也一直不停，

追寻着奔逃的猎物，

逃窜的是一头老鹿，

年岁积累了十只角，

兜圈子要搞乱线路，

像头壮鹿奋力奔跑，

极力误引猎犬追逐

一只他虚拟的猎物。

为保住性命，

动多少脑筋：

原路再回转，

耍多少手腕，

总随机应变，

用百种计谋，

好比大统帅的谋略，

也配好命运好生活！

死后才被腐烂吃掉：

这是鹿全部

最高的荣耀。

山鹑一看见

小山鹑危险：

刚长出羽毛，

现在飞不了，

不能升空逃避死亡。

母山鹑便装受了伤，

奔跑着拖只伤翅膀，

去吸引猎人和猎犬，

为家小转移了危险。

等猎人相信，

能逮住山鹑，

不待狗扑来，
山鹑就起飞，
向猎人道别，
笑人多愚昧
［……］

离北欧不远，
有个居民点，
如原始初民，
无知而愚蛮，
我指的是人，
若说起动物，
却善于建筑，
将湍流拓宽，
防止了泛滥，
将两岸相连。
整体工程坚固持久。
河床先铺一层木头，
木床上面再灌灰浆。

每只河狸都很繁忙，

任务大家共同承担，

老者催促着少壮，

年少力壮不停地干。

工程指挥来回奔忙，

高高挥舞着指挥棒。

比起这些两栖家族，

柏拉图的共和城邦，

不过是建制的学徒。

河狸到冬季，

会筑高房屋，

搭桥过水塘，

艺术的成果，

精明建筑物。

人熟视无睹，

至今还仍旧，

涉水靠游渡。

说这些河狸，

只有空躯体，

根本无灵性，

我绝不相信。

请听这故事，

说来更有趣，

引自一国王，

载誉世无双；

北欧捍卫者，

真实有保障。

我引述的这位国王，

战无不胜驰骋沙场，

单凭他的鼎鼎大名，

就是一道坚固城墙，

挡住奥斯曼的进犯。

他便是波兰的国王，

一位国王从不说谎。

据说他在波兰边境，

动物之间连年战争。

父子相传这种血统，

不断更新开战起因。

他说这动物，

乃日耳曼狐。

历数战争史，

无比多战术，

直到本世纪，

人类尚不知。

卫队向前进，

哨兵侦察兵，

不断来报信；

多处设埋伏，

分队频派出；

奇谋千万种，

随机可发明，

一门恶学问，

危害实无穷：

这正是冥河的女儿，

又是英雄们的母亲，

操演训练这些动物，

增长智慧、锻炼成熟。

冥河的船夫阿刻戎，

应将荷马还给我们，

让荷马再展现诗才，

歌唱动物间的战争。

啊！假如阿刻戎

果真把荷马送还，

同时也能将

伊壁鸠鲁的对手

送回人间！

那么这位对手阅览

这几个事例，

又该做如何评断？

我已经说过，

动物活动做这一切，

受自然支配，

仅仅是天生的行为；

肢体有记忆，

终究说到诸多事例，

正如我运用

这些诗举例说明，

动物的行为，

只需要记忆的驱动。

外界的映像，

再来时就进入仓房，

走同样通道，

（这是习惯—记忆）

我们人类

行为方式则殊如天壤：

决定人的行为

既非本能，也不是外界，

人的意志

才是各种行为的指挥。

我说话，走路，

身上感到有个主心骨；

我这副躯体，

全服从这本源的聪智。

这种本源意志，

独立于人的躯体，

能够自主

进行各种构思设计，

构思的能力

远胜过自己的躯体：

这是最高意志，

主宰我们的全部行为。

然而躯体，

又如何来领会这意志？

这才是难题：

我看见手操纵着工具，

可是这只手

又究竟接受谁的引导？

（这是物与物的联系问题）

嗬！谁在指引

天体及其高速运行？

或许有天使

紧紧附着巨大的星体。

我们的心中，

也存在着一颗灵魂，

感受确如此：

成为我们肌体的动力。

通过什么方式？

这种奥秘我们不得而知。

只有跻身仙列，

才能获悉这种奥秘。

实话实说，

笛卡尔尚且茫然不解。

在这一点上，

他们同我们全半斤八两。

据我所知，

伊里斯，我刚举的事例，

这种灵魂，

仅仅寄寓于我们人身，

对动物的举动，

就不会起任何作用。

因此，必须赋予

动物一种明确的东西，

而这件东西

又绝不存在于植物体。

但归根结底，

各类植物也同样呼吸。

再说，如何回答

下面我要讲的话？[1]

随后，他讲了《两只老鼠、狐狸和鸡蛋》的寓言故事，这则寓言指出了动物预测以及某种程度上理性思考的可能性。在另一则寓言中，拉封丹试图直接抨击笛卡尔学说，这则寓言（《老鼠和猫头鹰》，第十一卷第九则寓言）讲述了一只猫头鹰，它表现出惊喜妄想症（pronoïa）[2]，即

1　中译参考李玉民翻译的让·德·拉封丹《拉封丹寓言诗全集》（漓江出版社），译文有所改动。——译注

2　在心理学上，惊喜妄想症与妄想症（paranoïa）相对，表示某人总是感觉有人秘密为其准备惊喜的症状。——译注

一种预测的假说，并根据通过预测可能掌握的东西进行估算的假说。人们在一棵空心树上发现了一只老猫头鹰，在空心树的树洞里同时还住着"许多没有脚的小老鼠，这些老鼠个个脑满肠肥"。夏天，老鼠们到处跑来跑去，于是猫头鹰便将它们捕获，一番思考后，把它们的脚都啄断了。拉封丹如此向我们叙述它的理性思考：既然老鼠有脚，它们就会逃跑。因此，如果把它们的脚弄断，并把它们豢养在树洞中，那么冬天到来的时候就可以吃到新鲜的老鼠肉了。然而，这样做老鼠就会变得十分衰弱，因为没有脚，它们便不能觅食。因此，必须储存一些谷粒和麦子，猫头鹰准备了一定量的谷粒和麦子给老鼠吃，这样它们就会一直脑满肠肥。通过以上几个例子，拉封丹指出，动物不仅有意识（但并没有思考能力，他承认这一点），而且它们之所以有意识是因为它们有个体构造和个体经验的行为。我们当然可以补充说（拉封丹几乎也补充说过，他曾谈论过社会性动物［animaux sociaux］）的话题，我在想他是不是就是在这个时候考虑到这一点的呢，很有可能），动物身上有某种文化层面的东西，在某些动物社会里有着我们称之为文化的东西。我们发现了这一点，尤其是某些地方的狮群，它们的捕食方法与其他地方的狮群使用的方法完全不同。比如包围、逼赶猎物的方式，三十多只或四十多只狮子结成联盟，起初相互离得很远，接着聚拢起来，将猎物赶入它们组成的圆圈的中心。这些都是文化形式，而不仅仅是本能。也就是说，如果一只狮子是在以这种方法捕猎的狮群中长大的，那么它就会以这种方法捕猎，如果在另一个狮群长大，那么它必然不会这种方法。它似乎不是靠本能学会这种方法的，也不是靠本能使用这种方法的。我们并不能确切地说，在动物性社会中不存在十分独特的文化现象。海狸几乎始终都在向我们展示上文所提到的内容，海狸有着明确的社会等级（一只海狸会"趾高气昂"地向其他海狸发号施令）。我不确定是否真的如此，但它最终想表明的是，动物在集体行为中有着优劣势（ascendance-supériorité）的关系。

吉尔伯特·西蒙东思想中的动物问题

谨以此文纪念贝尔纳·斯蒂格勒

1958年，吉尔伯特·西蒙东完成了两篇博士论文，其中包括一篇主论文《在信息与形式下的个体生成》（ *L'Individuation à la lumière des notions de forme et d'information* ）与一篇副论文《论技术物的存在模式》（ *Du mode d'existence des objets techniques* ）。[1] 然而我们发现，在西蒙东生前出版的三部著作中，几乎没有一部将动物作为专门的问题场来研究。因此，有一点是毋庸置疑的：动物问题，尤其是

---

[1] 同年，副论文由 Aubier 出版社出版。1964年，主论文的第一部分与第二部分的第一章以《个体及其物理—生物起源》（ *L'Individu et sa genèse physico-biologique* ）为名，由 Aubier 出版社出版，主论文的其余部分以《心理与集体的个体生成》（ *L'Individuation psychique et collective* ）为名，由同一家出版社在1989年出版。2005年，Jérôme Millon 出版社将两部分集结成册，出版了《在信息与形式下的个体生成》，这本书包括了主论文的全部内容。

"动物身上的技术问题对他而言不是中心问题"。[1]西蒙东将研究重点放在了人与技术之间的关系上，这与他重新定义人本主义（humanisme）并提出技术人文主义的意图紧密相关。西蒙东的技术人文主义将长久以来围绕文化而构建的人本主义与存在主义提倡的"否定的人本主义"联系起来，从而把人类活动看作"对世界的使用、科学与技术"。[2]在此基础上，西蒙东就技术人文主义做了一个大胆的猜想："如果这条向未来敞开却并未被开辟的道路能够同时显现出我们想要区分的两种启示，那么把迈出第一步的重任交付给真正的生命尚未开启的诸多存在就不会是无稽之谈。"[3]我们看到，西蒙东的新人文主义在此似乎已经超越了"人"的视野，进入了更广阔的"存在"的范畴。实际上，这个观点与西蒙东对人与动物之差异的看法分不

---

1 Xavier Guchet, « La technicité animale à la lumière de la philosophie de l'individuation de Gilbert Simondon », in *Penser le comportement animal* de Florence Burgat, Versailles, Éditions Quæ, 2010, p. 96.

2 Gilbert Simondon, « Humanisme culturel, humanisme négatif, humanisme nouveau », *Sur la philosophie*, Paris, PUF, 2016, p. 63-64. (Version électronique)

3 *Ibid.*

开。他认为动物与人一样也具有利用心理行为进行创造的能力，只不过这种情况在动物身上发生的频率较低，因此，"人的行为与动物行为之间的差异是程度的而不是性质的；西蒙东的人文主义的基础不是人类学差异（différence anthropologique）"[1]。既然人与动物之间并不存在根本的差异，那么人与动物相比究竟具有何种独特性便自然成为西蒙东的技术人文主义应该解决的问题。因此，研究西蒙东思想中与人密切相关的动物问题是解决人的独特性问题的一个首要的且必不可少的环节。

《动物与人二讲》可以说是西蒙东专门探讨动物问题的唯一尝试。这两次针对心理学本科生的课程在形式与内容上（可能考虑到听众是预科班的学生）并未展现西蒙东的原创思想，但课程的选择（心理学领域）则在很大程度上抵达了问题的关键：西蒙东既不赞同动物与人的对立也不赞同身体（somatique）与心理（psychique）的对立，

---

1 Xavier Guchet, *Pour un humanisme technologique. Culture, technique et société dans la philosophie de Gilbert Simondon*, Paris, PUF, 2010, p. 210. "人类学差异"指人与动物（也包括其他生命体）之间的差异是本质的，人的"本质"使得人与其他生命体相比更加优越。

而是认为动物除了本能行为也具有心理行为，并能够从中
发展出创造力。基于这个观点，研究动物心理则成为西蒙
东理解人的独特性问题的前提。当然，动物心理只是其中
的一个重要问题，如果我们想要进一步了解西蒙东思想中
的动物问题，还需要继续追问另一些重要概念：个体、个
体生成、技术性等。

1. 动物与个体生成

个体生成概念无疑是西蒙东思想的核心概念，他在
主论文中以制度（régime）为秩序将个体生成分为三类：
物理、生命与超个体（心理与集体）的个体生成，这三
类个体生成与信息（information）概念的普遍化（西蒙东
将"信息"视作非技术的概念）相互作用，最终构成了
个体生成制度的巨大网络。下面我们将尝试借助其关键
概念分析动物问题，以便了解动物的个体生成在整体制
度中处于什么位置。

（1）作为生命体的动物的个体生成

在探究动物的个体生成之前，我们首先要问一个问题：物理、生命与超个体的个体生成之间的关系究竟是什么？西蒙东的研究者让－于格·巴特勒密（Jean-Hugues Barthélemy）提出，西蒙东所构建的三个个体生成制度之间并不存在高低之分，而是维持着一种"反还原论推导"（dérivation anti-réductionniste），[1] 也就是说，从物理个体生成向生命个体生成的过渡不能被简化为从一种实体向另一种实体的过渡，我们在这个过程中需要重新定义生命体（历史上，实体论将生命体定义为预先存在的实体，还原论在此基础上认为生命体由更简单的物理实体构成。西蒙东反对这样的定义，他将生命体纳入个体生成的体系中以便重新认识生命体），根据这个定义，"从物理向生命的过渡同时是生命的生成和从生命到物理的非还原"[2]。因此，西蒙东的发生学反对实体论（substantialisme）所

---

1 Jean-Hugues Barthélemy, *Penser l'individuation : Simondon et la philosophie de la nature*, Paris, L'Harmattan, 2005, p. 143.

2 *Ibid.*, p. 148.

强调的预先假定的个体存在，认为不同的个体生成制度之间并非还原关系，并且物理个体生成也不是生命个体生成的原因，而是它的条件。这也是为何晶体的结晶在西蒙东的理论中是惰性物质与生命体之间的中间项，并作为转导过程推动生命的个体生成。那么，生命的个体生成是如何区别于物理的个体生成呢？

如果要了解二者的区别，我们需要回到与个体生成的概念密不可分的另一个概念，那便是信息的概念。对于信息的理解决定着个体生成的整体构建，以至于"如果我们知道信息在与其他基本量（如物质量或能量）的关系中是什么的话，那么个体生成的问题就可能被解决"。[1] 西蒙东对信息的定义[2] 与控制论（cybernétique）提出的信息定

---

1 Gilbert Simondon, *L'Individu et sa genèse physico-biologique*, Grenoble, Editions Jérôme Millon, 1995, p. 159.

2 西蒙东主要在两处集中谈论了信息，一处是他的主论文的第二部分，即生命的个体生成部分，另一处是收录在 2005 年的《在信息与形式下的个体生成》中的《形式、信息与潜能》一文。西蒙东在后面那篇文章中对信息提出了较为明确的定义，其中一句话特别引人注目："我们可以把所有以元素的对称性与同质性为前提的解释类型与信息理论联系在一起，这些元素通过累加过程或并列相互联系并形成；更广泛地说，那些从属于偶然性理论、以元素对称性（及其任意特性）为前提的总体与群体的数量现象都可以在信息理论的框架内被思考。"参见：Gilbert Simondon, *L'Individuation à la lumière des notions de forme et d'information*, Grenoble, Editions Jérôme Millon, 2005/2013, p. 538。

义的不同之处在于"后者只考虑了信息的传输和量化"[1]（即信息的形式化），而西蒙东反对这种形式化，在这个基础上，"西蒙东将个体定义为三个条件相遇的结果：能量条件、物质条件以及一般情况下非内在的信息条件。信息条件能够解决物质条件与能量条件之间的张力"[2]。例如，在物理的个体生成中，结晶的过程就是离子不断饱和最终随着信息的进入到达一个亚稳定状态，在这个过程中，信息条件通过转导（transduction）解决了物质条件与能量条件之间的张力。对西蒙东而言，这个过程中的转导存在于一个类似内部共振的体系当中："这个共振是有源模拟或非对称耦合，存在于正在进行个体生成的系统之中，例如溶液与籽晶之间。"[3]生命的个体生成同样需要类似的内部共振，但这个共振仍需要满足一个条件以完成最终的转导，即一种预先的转化（élaboration）活动——分化与

1　Yuk Hui, « Simondon et la question de l'information », in *Cahiers Simondon*, numéro 6, Paris, Editions L'Harmattan, 2015, p. 33.

2　*Ibid.*, p. 35-36.

3　Gilbert Simondon, *L'Individu et sa genèse physico-biologique, op. cit.*, p. 158.

整合。在转导的过程中，信息以分化或整合的方式进入，在物质（例如细胞）与能量的关系中形成了新的亚稳定状态，个体生成得以实现。在这个意义上，我们可以说实现生命的个体生成的转导是间接的，而物理的个体生成中的转导是直接的。这是两者的第一个区别。

生命的个体生成与物理的个体生成之间的第二个不同点是稳态（homéostasie）。生命体的稳态是内在性与外在性共同作用下的状态，也就是说转导不仅发生在生命体的内部，也与外部条件息息相关，而物体就不拥有转导的这种异质特征。正是转导的这种异质性使得生命体能够超越其本身在时间与空间上的界限，从而不断繁殖并无限复制同类，物体因其局限不能够到达这一点。

以上是西蒙东所描述的一般生命体的个体生成，这些特点是所有生命体共同拥有的，而动物的个体生成除此之外还具备其独特性。

（2）动物的心理与集体的个体生成

正如我们所知，西蒙东主论文的第一部分主要关注物

理—生物的个体生成，第二部分则研究心理与集体的个体
生成。在西蒙东那里，"超个体所构建的个体生成制度与
物理和生命的个体生成制度不尽相同"。[1]西蒙东这样描
述心理个体生成与生命个体生成之间的关系：

> 心理介入其中，如同对生命个体生成的一次减
> 缓，如同对这个发生的最初状态的一次幼态延续的扩
> 大；当生命体没有完全实现、仍保留内在二元性的时
> 候，就有了心理。如果生命体可以完全自我满足，并
> 且在作为已生成的个体之中、在身体界限内部以及在
> 与环境的关系中也完全被满足，那么就不会引发心理
> 现象；但当生命不再能够统一包含并解决知觉与行动
> 的二元对立，而是变成类似于知觉与行动组成的整体
> 的时候，生命就成为问题。[2]

从上述描述可以看出，心理的个体生成并不适用于所

1　Jean-Hugues Barthélémy, *Penser l'individuation : Simondon et la philosophie de la nature*, *op. cit.*, p. 185.

2　Gilbert Simondon, *L'Individu et sa genèse physico-biologique, op. cit.*, p. 163.

有生命体，只有在情感性（affectivité）不再能够通过转导实现个体生成时（情感性主要为动物所有），知觉与行动的功能才会让生命体重新处在亚稳定状态之中（知觉与行动主要为人所有），从而形成一个西蒙东所谓的更新的、更复杂的问题。然而，西蒙东立即在注释中做了一个十分重要的说明：

> 这并不是说，一些存在只是活着，另一些活着并思考：动物很有可能在某些时候处在心理情境中，只不过这些将其引向思考行为的情境在动物那里并不常见。而人因为拥有更广泛的心理可能性，尤其是得益于符号体系的能力，更常需要心理；这是人身上特殊的纯粹生命情境，正因如此，人感到自己更加孤立无援。但此处并没能建立一种人类学的本性或本质；仅仅是某个门槛被跨越了：比起思考能力，动物拥有更强的生存能力，而人的情况正好相反。但两者都以通常的或特殊的方式生存并思考着。[1]

---

1 *Ibid.*

这个说明构成了《动物与人二讲》所关注的最重要的问题，即动物是否具有思考能力的问题。正是对这个问题的不同回答使得西蒙东在动物问题上同前人（尤其是笛卡尔和笛卡尔主义者）区分开来。基于动物具有思考能力这个答案，西蒙东提出了个体的心理问题，这使得超个体的个体生成异于物理和生命的个体生成。在超个体的个体生成中，前个体现实面对的是一个全新的个体生成制度，并且该个体生成制度不能够在一般生命个体的界限之内获得满足，因此，前个体现实便超越了这一界限，参与到了诸多精神存在的关系网络之中。在这个意义上，集体的概念出现了："心理生命是从前个体到集体的过程。"[1] 然而，西蒙东接下来的论证似乎从根本上将动物的个体生成放在了与人相同的位置上，彻底地同人本主义决裂了：

> 前个体现实的个体生成与生命体的多元性相结合，从而得到超个体现实，作为超个体现实的集体区

---

[1] *Ibid.*, p. 165.

别于纯粹的社会性和纯粹的个体间性，实际上，纯粹的社会性存在于动物社会之中；[……]这个社会的存在条件是不同社会个体在结构与功能上的异质性。相反，超个体的集体聚集了那些同质的个体[……]。[1]

我们可以看到这种异质性出现在许多动物群体之中，不同的个体在群体中有着不同的地位（结构）和分工（功能）。西蒙东在《动物与人二讲》的末尾提到了不同的狮群拥有完全不同的捕猎方法，但没有继续展开说明狮群内部的情况。如果不同的狮群拥有不同的捕猎方法仍然强调的是个体由于具有某种同质性而聚为集体，那么捕猎时狮群内部的明确分工则展现了个体的异质性。虽然西蒙东并未直接提到这一点，但狮群的明确分工早已为人熟知。如果西蒙东并未直截了当地谈论狮群中不同个体的异质性，那么在接下来的海狸的例子中提及的"社会等级"一说则指出了由异质个体构成的社会。这里实际上涉及西蒙东

1　*Ibid.*

对两种社会性群体的区分：社群（communauté）与社会（société）。简单来说，社群是外在于个体生成的，其中聚集了拥有相似且固定功能的个体，因此"缺少余留的个体生成的潜能"[1]；而社会则是由个体的积极参与聚合在一起形成的集体，在社会中"标准与价值不可分割，也就是与前个体潜能不可分割，前个体潜能使社会在一个有活力且开放的亚稳定状态中凝聚在一起，社会的标准系统既不会耗尽这个潜能也不会因其终结而规避这个潜能"[2]。这样的前个体潜能在动物身上表现为严谨的分工秩序，即便是某个成员的缺席也不会影响秩序，因为新的平衡会立即被建立起来。

在西蒙东的思想体系中，动物的社会性问题自然与"文化"、"技术"等概念联系在一起，这也是我们接下来想要探讨的问题。不过，在进入动物的技术性之前，仍然有

1　Gilbert Hottois, *Simondon et la philosophie de la « culture technique »*, Bruxelles, De Boeck-Wesmael, 1993, p. 88.

2　*Ibid.*, p. 89.

一个关于个体生成的问题值得关注。虽然西蒙东只用了很少的篇幅介绍它，但其特殊性将我们引向了这个问题。这个问题就是"纯粹个体"。

（3）"纯粹个体"

"纯粹个体"的概念出现在西蒙东主论文的第一部分第二章中，该章第二节的第一句话便引出了问题的关键："无论是从解剖学和生理学来看，还是仅从生理学来看，即便个体之间并未相互分离，生命仍然能够存在。在动物界，我们可以把腔肠动物（Coelentérés）看作这类存在的典范。"[1] 腔肠动物的特点是通过刺细胞的生成形成一个群体（colonie），这些由刺细胞构成的个体之间会不断出现共骨骼，后者会填补刺细胞之间的空间，从而形成群体的稳固单位，这些共体将会通过刺细胞生成新的个体。而有些群体中的个体会出现分化，形成扮演不同角色（营养、防御、性）的器官，也就是说，这些个体在群体中仍保持

1　Gilbert Simondon, *L'Individu et sa genèse physico-biologique, op. cit.*, p. 165-166.

看某些差异，呈现出分离的状态。在研究了这两种完全不同的群体组成模式之后，西蒙东做出了如下结论："这里，辨别真正个体性（individualité）的标准不是社会或群体中的存在在物质以及空间方面的连接或分离，而是在基础生物单位之外的另外的生命与移行的可能性"。[1] 对腔肠动物来说，一些个体[2]会完全和群体分离，然后在群体之外完成生殖行为，接着便会死亡，这些新的个体最终会形成一个新的群体。因此，这些个体实际上既不属于第一个群体也不属于第二个群体，而是处在两个群体之间，可以说它们在这个过程中起着转导的作用。这些非永生（non-immortalité）的、与群体分离之后拥有另外生命的个体就是西蒙东所谓的"纯粹个体"。然而，这只是"纯粹个体"在类似腔肠动物这种生命形态相对简单的动物中的情形，"这样的功能在高级以及高度分化的层面便很难察觉，因

1　*Ibid.*, p. 166.

2　西蒙东提到了腔肠动物群体的两种不同的生殖方式，即有性与无性的生殖方式。无性生殖以出芽（bourgeonnement）方式产出水母型世代（les Méduses）；有性生殖是指水母型个体脱离母体，并产出水螅型个体。有性生殖是西蒙东关注的重点。

为在生命系统的个体生成形式中，个体实际上是一个混合（mixte）"[1]。

在生命形态相对复杂的动物中，个体则兼具纯粹个体性（脱离群体的另外生命）与持续生命（群体之中的个体）的特点，个体身上的这两种功能分别表现为本能（instinct）与习性（tendance）：本能是转导的动力，"跨越时间与空间传递生命活动"[2]，而习性是日常与持续的生命特征，它因为体现在群体的绝大多数个体中而获得社会性。

然而西蒙东注意到，自亚里士多德以来，人们研究个体的过程表现出两个特点：第一个特点是将本能与习性归结为一，认为本能行为是习性的体现；第二个特点是研究的对象往往是"高级"物种，因为它们是所有生命体的模型。针对这两个特点，西蒙东着手对亚里士多德以来的质形论（hylémorphisme）与活力论（vitalisme）进行批判。他认为质形论中所提出的"隐德莱希"（entéléchie）"不能认

1　*Ibid.*, p.167.

2　*Ibid.*

识到个体的全部含义，并且把纯粹本能的方面搁置在一边，而正是通过本能，个体才成为正在发生的转导，而不是正在实现的潜在性"[1]。对于西蒙东来说，活力论之所以混淆本能与习性是因为它实际上以人类中心主义为基础。而西蒙东对弗洛伊德的批判正是基于其精神分析学说强调习性（例如死亡本能 [instinct de mort] 是与生俱来的[2]）而忽视本能这一点。"弗洛伊德的学说因为过于以习性为重点而落入了和形而上学一样的缺陷中，从而放弃将个体理解为一个完整的存在，即'一个生命持续性与本能奇点的混合'。弗洛伊德继承了亚里士多德的活力论与存在的隐德莱希假设，便因此忽视了纯粹个体。"[3]

2. 动物的技术性

　　动物的技术性问题的关键是动物与工具之间的关系。

1　*Ibid.*, p. 168.

2　此处死亡本能虽名为本能，但"与生俱来"实际上强调的仍是习性。

3　Ludovic Duhem, « L'idée d' "individu pur" dans la pensée de Simondon », in *Appareil,* MSH Paris Nord, 2/2008, p. 11.

然而，西蒙东在他已出版的著作中并未就这一问题进行具体分析，只是在不同著作中稍有提及。西蒙东的研究者格扎维埃·古歇（Xavier Guchet）写文章详细梳理了西蒙东哲学中动物的技术性问题，认为西蒙东虽然没有专门研究动物的技术性，但是"我们可以在西蒙东主论文中所展开的个体生成哲学的概念框架内部描述和研究动物的技术性"[1]。

在《想象力与创造力》的结论处，西蒙东比较明确地提出了动物与工具之间的关系："我们既不能把人的创造性活动与动物的这类实践对立起来，也不能把器具的制造（这些工具比有机体小且被有机体带在身上）与道路、路线、栖身处以及作为有机体生存环境的领域内部的边界（因此比有机体更大）的建造对立起来。工具与器具就像道路与庇护所一样是个体外廓的一部分，成为个体与其环境关系的中介。"[2]我们在上文提到西蒙东并没有以"人类学差异"

---

[1] Xavier Guchet, « La technicité animale à la lumière de la philosophie de l'individuation de Gilbert Simondon », in *Penser le comportement animal* de Florence Burgat, *op. cit.*, p. 96.

[2] Gilbert Simondon, *Imagination et invention (1965-1966)*, Chatou, Les Editions de La Transparence, 2008, p. 186-187.

作为理论基础去构建技术人文主义，这一点同样适用于他对技术的看法。虽然"对器具的使用在动物那里十分罕见；但这不会妨碍我们将器具的建造与制造看作创造力的主要原因；器具与工具只是客体的创造的中继站，是被创造出来的客体与创造它的生命体之间的又一个中介"。[1] 从上面两段文字中我们可以看出：第一，人对工具的创造及使用与动物对工具的创造及使用之间并不存在本质差别。古歇认为，如果我们将人与动物的相互区别作为讨论动物的技术性的前提，在此基础上分辨动物的工具与人的工具之间的差异，我们就陷入了"人类学差异"的过时观点之中。我们应该"使用相同的方法（根据弗里德里克·朱利安[Frédéric Joulian]），这些方法是文化科技、人机工程学以及认知心理学）去描述人与动物的技术及其更加普遍的活动，接着从这个比较的角度出发，尝试去掉两者之间的'技术者'的标签"[2]。只有如此，才能从根本上摆脱"人类

---

1 Ibid., p. 188.

2 Xavier Guchet, « La technicité animale à la lumière de la philosophie de l'individuation de Gilbert Simondon », in *Penser le comportement animal* de Florence Burgat, *op. cit.*, p. 100-101.

学差异",这样的尝试也符合西蒙东在构建技术人文主义之时一直秉承的观点。第二,动物不仅具有使用工具的能力,也有创造工具的能力。实际上,"人类学差异"之所以一直存在,很大程度上是因为人们普遍认为动物只拥有"自然工具"(可用作工具的器官),而不具备"非自然工具"(制造出来的工具)。但随着 20 世纪科学研究的深入(西蒙东特别提到了安德烈·勒鲁瓦 – 古尔汉 [André Leroi-Gourhan])、让·皮亚杰 [Jean Piaget]、安德烈·特里 [Andrée Tétry] 等人的研究成果),人们逐渐认识到了动物身上具备的制造工具的能力,这些成果也成了西蒙东摆脱"人类学差异"的最重要的依据。第三,动物不仅有能力制造工具,而且在更广泛的意义上有能力创造技术物(例如,道路与庇护所就不单单是工具,而是技术物)。如果我们继续沿着第三点展开,就可以到达西蒙东思想中的动物的技术性的核心问题。

这个核心问题就是客观性问题。人们以"人类学差异"为基础区分动物与人的一个重要标准是人能够创造和使用外在于自身的工具，而动物的工具都是不能被物化的工具，因此，动物便不具有客观性的能力。但是西蒙东对这个观点进行了批判，他认为动物不仅能够创造和使用外在于自身的工具，甚至能够创造更加广泛的技术物，也就是说动物具备"与依据环境而进行的即时性动作相比已去中心的操作协同（coordination opératoire）"[1]的能力。根据西蒙东的定义，技术物就是通过一系列协同操作使个体与其环境的关系客观化的中介。因此，动物一旦与技术物联系在一起，其客观性就得到了保证。

从动物的技术性问题延伸出来的另一个西蒙东十分关注的问题就是围绕技术所展开的自然与文化之间的关系。长久以来自然与文化都处在对立面上，就像人与动物长久处在对立面上一样，这两对关系最终都变成了形而上学的分割。动物因为长期以来被当作只能使用自然工具的个体而被排除在文化的范畴之外，即便人们已认识到动物具备创造和使用非自然工具的能力，这种情形仍在持续。动物

1　*Ibid.*, p. 110.

使用的工具在当时被统称为"动物的工具"（例如存在"猴子的工具"的表述[1]），这样的表述实际上还处在弗里德里克·朱利安所谓的"将高级灵长类动物与人类比较的动物动机的倡导者与人类高级的特殊性的捍卫者之间的立场"[2]上。而西蒙东想要从根本上重新思考动物的技术性，他提倡的"文化技术"不再把动物使用工具的情况看作某种动物智性的表现，而是将其纳入一个"技术系统"之内。

3. 西蒙东在动物问题上对后世的影响

（1）西蒙东与德勒兹

近年来，关于西蒙东对后世哲学（以及其他学科）的影响的研究已逐渐显现出其重要性，其中最常被提及的就是西蒙东对德勒兹的影响。1966 年，德勒兹发表了一

1　参见古歇文章中的第一部分"动物的技术与文化"：Xavier Guchet, « La technicité animale à la lumière de la philosophie de l'individuation de Gilbert Simondon », in *Penser le comportement animal* de Florence Burgat, *op. cit.*。

2　Frédéric Joulian, « Technique du corps et traditions chimpanzières », in *Terrain*, numéro 34, 2000, p. 37-54.

篇《个体及其物理—生物起源》的书评，这篇文章可被视作研究德勒兹对西蒙东思想的接受的最初材料。作为一篇书评，该文章主要对西蒙东哲学的一般原理与重要概念进行了解读，但我们已然可以从中看到德勒兹从"歧异化"（disparation）的概念出发所提出的两个重要术语：差异（différence）与强度（intensité）[1]。德勒兹认为，亚稳定系统（système métastable）"意味着根本的差异"，而"强度量本身就是差异"。[2] 这两个术语后来发展成了德勒兹哲学中的两个关键概念，尤其是在 1968 年出版的《差异与重复》之中。肖恩·鲍登（Sean Bowden）将西蒙东与《差异与重复》的紧密关系归纳为三点：第一，"同一性"（identité）概念。德勒兹是"根据差异来思考同一性的，而不是根据同一性来思考差异的"[3]，也正是在西蒙东的

1　德勒兹在本文中使用了"强度量"（quantité intensive）一词。

2　Gilles Deleuze, *L'île déserte. Textes et entretiens 1953-1974*, Paris, Les Editions de Minuit, 2002, p. 121. 中译本可参考南京大学出版社 2018 年出版的《荒岛及其他文本》（董树宝等译）。

3　Sean Bowden, "Gilles Deleuze, a reader of Gilbert Simondon," in *Gilbert Simondon. Being and technology*, Edinburgh：Edinburgh Universitty Press, 2012, p. 144.

影响下，他提出了个体化差异"在存在中先于属差、种差，甚至个体差异"[1]。第二，"理念"（Idée）概念。德勒兹在《差异与重复》中提及的潜在（virtuel）的现实化（actualisation）进程实际上就是将潜在的理念现实化，以便获得具体的差异的进程。可以看到，这个现实化进程十分接近西蒙东的个体生成的现实化进程，而德勒兹本人也在书中直接引用了西蒙东的观点：个体生成"作为潜能的现实化和将诸歧异置于交流状态而出现"[2]。因此，这一点影响是很明确的。第三，无论是西蒙东还是德勒兹都一致认为个体生成可以覆盖所有存在的领域：物理、生物、社会、心理，等等。当然，除了这三点主要的相似之处，我们还可以在《差异与重复》的行文中发现西蒙东的其他影响，并且这些影响也体现在了德勒兹的其他著作中（尤其是《意义的逻辑》与《千高原》）。

德勒兹的著作广泛地涉及动物问题，并在探讨动物问

1　Gilles Deleuze, *Différence et répétition*, Paris, PUF, 1993, p. 57. 中译参考安靖等人翻译的吉尔·德勒兹《差异与重复》(华东师范大学出版社)，译文有所改动。

2　*Ibid.*, p. 317. 中译参考安靖等人翻译的吉尔·德勒兹《差异与重复》，译文有所改动。

题的过程中创造出了一些与动物相关的概念（例如"生成—动物"、"生成—狼"、"愚蠢"等）。我们在此关注的问题是：德勒兹在讨论动物问题时是否同样受到了西蒙东的影响？如果确有影响，这些潜在的相似之处是如何表现出来的？

从词源上看，"愚蠢"（bêtise）的问题似乎从来都与动物（bête）相关，人们普遍把愚蠢当作人身上的某种"动物性"（animalité）。而德勒兹持有不同的观点，他说"愚蠢不是动物性。动物有那些防止它们'愚蠢'的特殊形式作保障"[1]，他并不满足于在动物的层面思考愚蠢，而更倾向于把愚蠢看作"一个严格的先验问题的对象：愚蠢（而非错误）是如何可能的？"[2]贝尔纳·斯蒂格勒（Bernard Stiegler）认为德勒兹在试图回答这个问题的时候在某种程度上回到了西蒙东的语言之中。[3]德勒兹

1　*Ibid.*, p. 196. 中译参考安靖等人翻译的吉尔·德勒兹《差异与重复》，译文有所改动。

2　*Ibid.*, p. 197. 中译参考安靖等人翻译的吉尔·德勒兹《差异与重复》，译文有所改动。

3　斯蒂格勒对德勒兹《差异与重复》中所涉及的愚蠢问题的分析，请参见：Bernard Stiegler, *Etats de choc. Bêtise et savoir au XXIe siècle*, Paris, Editions Mille et une nuits, 2012, chapitre 2。

解释道："愚蠢既不是基底也不是个体，而是一种关系，在这种关系中个体生成使基底上升而又不能给予基底以形式"[1]，而这个形式就是西蒙东所谓的"形式的获得"（prise de forme）："个体生成不能在物质或形式中获得它的原则；无论是形式还是物质都不足以达到形式的获得。[……]个体生成的原则是正在获得这个形式的这个物质建立内在共振的独特方式"[2]。愚蠢拥有基底（即西蒙东所说的前个体）而缺少形式，正是在这个意义上愚蠢不是动物性的，因为"动物们凭借自身的明确形式提防着这一基底"[3]。可以看出，德勒兹在讨论愚蠢问题的时候以个体生成为出发点，这可以看作西蒙东在动物问题上对德勒兹的第一点影响。

德勒兹在动物问题上最为人熟知的概念应属"生成—动物"（devenir-animal）。他（与加塔利）在《千高原》

---

1 Gilles Deleuze, *Différence et répétition, op. cit.*, p. 197. 中译参考安靖等人翻译的吉尔·德勒兹《差异与重复》，译文有所改动。

2 Gilbert Simondon, *L'Individu et sa genèse physico-biologique, op. cit.*, p. 46.

3 Gilles Deleuze, *Différence et répétition, op. cit.*, p. 197. 中译参考安靖等人翻译的吉尔·德勒兹《差异与重复》，译文有所改动。

中总结了"生成—动物"的若干特点：①生成—动物（或任何一种生成）不是一种相似性（模仿），因此拒绝同一性；②生成—动物具有真实性，并且真实性就是生成本身；③生成—动物没有生成之后的终项；④生成—动物不是以血缘为基础的进化（而是缠卷）；⑤生成—动物是一种没有血缘关系的诸存在物的共生；⑥"在一种生成—动物之中，我们总是直接与一个集群、一个集团、一个种群相关"[1]。"生成—动物"是德勒兹（与加塔利）哲学所创造出的概念，这些特点自然都是在创造的背景下与传统精神分析、人类中心主义的决裂，是一个全新的概念的组成部分，这些特点在某种程度上与西蒙东的思想具有相似之处。

例如，生成—动物对同一性的拒绝这一观点与西蒙东对前个体的表述十分相似。西蒙东认为，"作为生成个体的特点的统一性与作为使用排中律原则的理由的同一性都不适用于前个体"[2]。实际上，生成—动物的潜在性与西

---

1 关于"生成—动物"概念的特点，参见《千高原》第十章"1730年：生成—强度，生成—动物，生成—难以感知"中的相关部分。吉尔·德勒兹，菲利克斯·加塔利：《资本主义与精神分裂（卷2）：千高原》，姜宇辉译，上海书店出版社，2010，第333–336页。

2 Gilbert Simondon, *L'Individu et sa genèse physico-biologique, op. cit.*, p. 23.

蒙东的前个体中所蕴含的潜能是一致的，我们甚至可以说，生成—动物就时刻处在一种亚稳定状态之中，以差异为转导器，进而实现某种生成，这与个体生成十分类似。又如，生成—动物的真实性就是生成本身的观点会让我们想到西蒙东在个体生成中一直强调的"具体化"（concrétisation）与"现实化"（actualisation），西蒙东始终将具体的个体作为他的研究对象，反对将个体抽象化。更加明显的一个相似之处在于生成—动物的群体性特点与集体的个体生成之间，这也是西蒙东个体生成理论的核心所在。

这些相似之处仅表现出西蒙东对德勒兹所产生的一部分影响，仍有许多地方值得我们继续发现。我们暂且将它作为一个开放问题搁置起来，谈谈另一位同时深受西蒙东与德勒兹影响的当代哲学家。

（2）西蒙东与斯蒂格勒

我们在上文谈论"愚蠢"问题的时候已经提到了贝尔纳·斯蒂格勒，他通过个体生成（即西蒙东的个体生成体系）解读德勒兹所提出的"愚蠢"问题，并在解读的过程中表明了自己的论点：愚蠢与知识（savoir）的关系表现为知识本身的愚蠢。在这个基础，斯蒂格勒提出了"知识的药学情境"（condition pharmacologique du savoir）[1]，即知识同时是解药与毒药。2007 年，西蒙东的《心理与集体的个体生成》重版之际，斯蒂格勒为书作序，也在"序"中影射了知识的药学，他写道："这种现象（指知识不断细化进而导致其本身分裂的现象）的状态会促使知识取得非凡的进步，然而也会导致思想的某种摘除，甚至导致它的去个体生成（désindividuation），这也是如今多学科聚合在一起的愿望所试图克服的。"[2]此处的去个体生成实际上就是斯蒂格勒曾经详细解读过的药（pharmakon）引发了知识的无产阶级化[3]，从而进一步导致了西蒙东所谓的"个体生成的丧失"（perte d'individuation）[4]。斯蒂格

1 Bernard Stiegler, *Etats de choc. Bêtise et savoir au XXIe siècle, op. cit.*, p. 83.

2 Gilbert Simondon, *L'Individuation psychique et collective, op. cit.*, p. VI.

3 Bernard Stiegler, *Ce qui fait que la vie vaut la peine d'être vécue. De la pharmacologie*, Paris, Flammarion, 2010.

4 Bernard Stiegler, *De la misère symbolique*, Paris, Flammarion, 2013。详见该书第一卷第三章"蚁穴的隐喻：超工业时代个体生成的丧失"。

勒在揭示超工业时代个体生成的丧失时提及了动物问题，并以此比喻人类在数字时代的情境。这个比喻就是"蚁穴的隐喻"：

> 多因子系统实际上有两种模型：第一种假设这些因子是"有认识力的"，它们对自己的行为以及过去的行为经验有明显的再现；第二种假设这些因子"重新活化"，这里既没有再现也没有记忆，而是受刺激/反应模式的控制。第二种模型适用于蚁穴成员的模组化。然而，如果这些因子没有对原先行为的记忆，而且它们的特性又由其他因子的行为来决定，那么对集体行为的记忆就必然至少是暂时地铭记在某处。外激素（phéromones）便是印在作为载体也作为该群体版图的领土——蚁穴以及捕食个体在周围标出的路线——上的化学踪迹（traces）。[1]

---

[1] Bernard Stiegler, *La Technique et le temps 2 : La désorientation*, Paris, Galilée, 1996, p. 193-194. 中译参考赵和平等人翻译的贝尔纳·斯蒂格勒《技术与时间2：迷失方向》(译林出版社)，译文有所改动。

对于斯蒂格勒而言，作为踪迹的外激素是一个第三持存（rétention tertiaire）。[1]第三持存实际上就是西蒙东理论中的"前个体"（préindividuel），但斯蒂格勒对此进行了新的诠释："前个体"（西蒙东更多使用"前个体现实"这个术语）是上一次个体生成未耗尽的潜能，它作为未来亚稳定状态的来源向下一次个体生成提供可能性。而斯蒂格勒在此基础上引入了胡塞尔的"持存"（rétention），进而创造了第三持存的概念。[2]根据多因子系统理论，"动物群体的组构已经需要无机的记忆载体"[3]，这个载体（即外激素）正是动物得以实现集体的个体生成的前提。如果说西蒙东回到前苏格拉底学派，借助"自然"（phusis）与"无限"（apeiron）思考前个体现实，那么斯蒂格勒则回顾了从胡塞尔到德里达的关于记忆的讨论，以发展自己

---

1 Emanuele Antonelli, « De la pharmacologie. Entretien avec Bernard Stiegler », in *Lebenswelt*, 1 (2011), p. 72.

2 根据 Ars Industrialis 网站"持存"（rétention）条目，第三持存的定义为："在世代交替的过程中堆积的（有意识与无意识的）沉淀，并由此构成集体的个体生成的进程。"

3 Bernard Stiegler, *La Technique et le temps 2 : La désorientation, op. cit.*, p. 192. 中译参考赵和平等人翻译的贝尔纳·斯蒂格勒《技术与时间 2：迷失方向》，译文有所改动。

第三持存的概念。

　　另外，斯蒂格勒将第三持存的范畴扩大至动物以及所有生命体，这一举动为他分析超工业时代个体生成的丧失提供了原型，"数字外激素"（phéromone numérique）就此出现。对于斯蒂格勒而言，西蒙东的个体生成概念始终是个体（"我"）与集体（"我们"）的共同发生，即一种共个体生成（co-individuation），但超工业时代对符号功能的外化（extériorisation）使个人方言（idiolecte）在熵（entropie）的作用下被不断耗尽，最终导致了个体生成的丧失，这些丧失了个体生成的人们"像蚁穴中的蚂蚁一样，不再生产符号，只是产出数字外激素"。[1]

　　我们几乎可以确定无疑地说，西蒙东的个体生成概念构成了斯蒂格勒哲学最基本的框架，但后者对前个体的分析加入了对胡塞尔、德里达以及多因子系统理论的批判性阅读，随着第三持存的出现，斯蒂格勒不再认为个体生成的基础是潜能，而认为其基础是记忆。

1　Bernard Stiegler, *De la misère symbolique, op. cit.*. (Version numérique, p. 80)

版贸核渝字（2016）第 222 号

图书在版编目(CIP)数据

动物与人二讲 /（法）吉尔伯特·西蒙东著；宋德超译. — 南宁：广西人民出版社，2021.3
（人文丛书）
ISBN 978-7-219-11149-9

Ⅰ.①动…　Ⅱ.①吉…②宋…　Ⅲ.①人类—关系—动物　Ⅳ.①Q958.12

中国版本图书馆CIP数据核字（2021）第009093号

拜德雅·人文丛书

动物与人二讲

DONGWU YU REN ER JIANG

[法] 吉尔伯特·西蒙东　著

宋德超　译

特约策划	梁静怡		特约编辑	梁静怡
执行策划	吴小龙		责任编辑	李亚伟
责任校对	周月华　文　慧		书籍设计	左　旋

出版发行　广西人民出版社
社　　址　广西南宁市桂春路 6 号
邮　　编　530021
印　　刷　广西民族印刷包装集团有限公司
开　　本　787mm×1092mm　1/32
印　　张　4.75
字　　数　76 千
版　　次　2021 年 3 月第 1 版
印　　次　2021 年 3 月第 1 次印刷
书　　号　ISBN 978-7-219-11149-9
定　　价　38.00 元

拜德雅
Paideia
人文丛书

（已出书目）